COURS ÉLÉMENTAIRE

D'AGRICULTURE

ET

D'ÉCONOMIE RURALE.

ERRATA DU TRAITÉ DU JARDINAGE.

Pag. 31 lign. 16 goulots à sec, *lisez* : goulots à bec.
  58   15 pommes, *lisez* : gousses.
  76   23 le soir les de, *lisez* : le soir ; d*.
  Ibid.   24 crainte, *lisez* : ensuite.

IMPRIMERIE DE MARCHAND DU BREUIL,
rue de la Harpe n 90.

COURS ÉLÉMENTAIRE

D'AGRICULTURE

ET

D'ÉCONOMIE RURALE.

PAR M. RASPAIL.

Troisième Traité — ARBRES ET ARBUSTES.

Nec consitiones modo delectant, sed etiam insitiones, quibus nihil invenit agricultura solertius.   Cic. de Senect.

Avec quel charme ne se livre-t-on pas aux divers procédés de la greffe, qui est sans contredit l'invention la plus ingénieuse de l'agriculture !

PARIS,

LIBRAIRIE CLASSIQUE DE L. HACHETTE.

RUE PIERRE-SARRAZIN, N. 12.

1832.

COURS ÉLÉMENTAIRE

D'AGRICULTURE

ET

D'ÉCONOMIE RURALE.

ARBRES ET ARBUSTES [1].

NOTIONS PRÉLIMINAIRES.

1. Dans les Traités du *Labourage* et du *Jardinage*, nous nous sommes occupés exclusivement de la culture des plantes *herbacées vivaces* ou *annuelles*. Dans celui-ci nous traiterons spécialement de la culture des *plantes ligneuses* ; ces espèces de végétaux sont toujours vivaces.

2. On observe entre les espèces herbacées et les espèces ligneuses des passages si bien gra-

[1] *L'horticulture* devait former le troisième traité de ce Cours d'agriculture ; mais j'ai cru devoir intervertir ici l'ordre que je m'étais d'abord proposé de suivre, parce que l'*horticulture* n'étant que l'art plus raffiné de cultiver les végétaux *herbacés* ou *ligneux*, le Traité

I

dués, qu'il devient impossible de préciser les caractères qui distinguent ces deux grandes classes de végétaux. Cependant, à défaut d'une définition rigoureuse, on peut en fournir une description suffisante, en disant qu'une plante ligneuse est celle dont les rameaux sont vivaces et perpétuent leur espèce au moyen des bourgeons qui se sont formés dans l'aisselle de leurs feuilles, ou sous l'écorce des rameaux déjà anciens. Une coupe transversale du tronc ou d'une branche offre aux yeux une série d'emboîtemens plus ou moins épais, que l'on désigne, en procédant de la circonférence au centre, sous les noms de : 1° l'écorce d'abord verdâtre, puis crevassée par le desséchement ; 2° l'aubier, qui est blanc et moins tendre que l'écorce ; 3° le bois, la partie la plus dure, et 4° la moelle, très-visible sur les plantes à nodosités régulières, telles que le Sureau et la Vigne.

des *arbres et arbustes*, joint aux deux premiers Traités, en formera naturellement le préambule. Je désignerai, dans les citations, le Traité du Labourage par (A), et celui du Jardinage par (B). Le chiffre placé entre deux parenthèses renverra à l'alinéa précédé de ce hiffre.

3. A l'extérieur on remarque un système de racines qui *piquent* (B 88) , ou se ramifient dans le sein de la terre , et qui viennent se réunir à un plateau qu'on nomme le *collet ;* celui-ci donne naissance au tronc , ou tige verticale, du sommet de laquelle partent , en rayonnant , des tiges accessoires qu'on nomme *branches* ou *rameaux.* La surface des branches jeunes offre encore les traces opposées ou alternatives des feuilles des saisons précédentes; et immédiatement au-dessus de chacune de ces feuilles on distingue un bouton formé de petites écailles qui se recouvrent mutuellement, et recèlent dans leur sein le germe, ou d'une nouvelle branche, ou d'un bouquet de fleurs. Les agriculteurs ont donné à ce bouton le nom d'*œil*, à cause de l'analogie grossière de sa forme ; et les Latins l'avaient désigné par le mot de *gemma*, à cause du trésor qu'il recèle. Les botanistes préfèrent l'expression de *bourgeon*, que nous n'emploierons, dans cet ouvrage, que pour désigner l'*œil* développé.

4. Duhamel-Dumonceau a considéré chacun de ces bourgeons comme un individu greffé na-

turellement sur un individu plus ancien. Pour nous chacun de ces bourgeons a passé par l'état d'ovule ; les écailles qui le recouvrent ont, dans leur extrême jeunesse, joué le rôle de stigmates pistillaires, et la feuille, dans l'aisselle de laquelle il se trouve, a fait l'office d'anthère fécondatrice, pour remplir ensuite les fonctions de cotylédon. En conséquence, si l'on arrache la feuille lorsque l'*œil* n'est encore qu'un tubercule, le bourgeon avorte faute de fécondation ; si c'est après les premiers instans de son développement, il meurt faute de nourriture.

5. Les *yeux* (*gemmœ*) restent plus ou moins long-temps à mûrir; il en est qui ne se développent en rameau que trois ans après leur formation.

6. Sous le rapport de la taille, les végétaux ligneux se divisent en deux grandes classes : 1° les *arbustes* ou végétaux qui ne dépassent pas la hauteur de sept à huit pieds, qui ont peu ou point de tronc, et dont les rameaux, chez quelques-uns, semblent ne partir que du *collet* (3) ; 2° les *arbres*, végétaux qui s'élèvent indéfiniment au-dessus des arbustes, et possèdent en général un

tronc vigoureux qui se couronne assez haut de branches ramifiées.

7. Les *arbres* et *arbustes* (6) peuvent ensuite être classés de diverses manières, selon le but pour lequel on les cultive ou on les étudie. En *économie rurale*, tout doit donc se classer d'après l'usage qu'on fait du produit de la culture. Or, dans la culture des *arbres* et *arbustes* on a en vue, ou bien de recueillir leurs fruits et leurs fleurs, ou bien d'employer leur bois, ou bien enfin de les faire servir à l'ornement des avenues, routes, massifs, etc. Nous classerons donc toutes les espèces d'arbres et arbustes en trois classes.

La première comprendra, sous le nom de *verger* ou *jardin fruitier*, les arbres et arbustes dont on se propose de manger les fruits.

La seconde, sous le nom de *bois et forêts*, comprendra la culture des arbres destinés au chauffage, au charronnage, etc.

Enfin la troisième, sous le titre de *paysage*, indiquera les cultures les plus propres à abriter et embellir l'horizon.

8. Mais comme ces cultures si variées dans leur application réclament certaines opérations iden-

tiques, nous ferons précéder ces divisions par une quatrième, sur les opérations communes aux trois grandes divisions que nous venons d'adopter.

TRAITÉ
DES ARBRES ET ARBUSTES.

PREMIÈRE PARTIE.

PRINCIPES COMMUNS AUX CULTURES DE TOUS LES ARBRES ET ARBUSTES.

9. Tous les arbres ou arbustes demandent à être semés ou plantés dans un terrain convenable à leur espèce; vers une certaine époque, ils exigent des soins spéciaux, tels que la taille et la greffe, et ils sont sujets à des maladies ou aux ravages des animaux. Nous allons nous occuper de ces considérations dans les chapitres suivans. En décrivant les opérations, nous décrirons en même temps les outils qui sont indispensables à l'opérateur.

CHAPITRE PREMIER.

SEMIS.

10. Nous ne traiterons spécialement du terrain qu'en tête de chacune des trois grandes

divisions que nous avons adoptées. Ses qualités doivent varier selon la nature de l'exploitation à laquelle on le destine ; mais en principe général on peut établir qu'une terre légère, suffisamment engraissée et convenablement amendée (A 14), est d'autant plus propre à la culture de beaux arbres, qu'elle offre une plus grande profondeur. Car l'espace souterrain qu'envahissent les racines d'un arbre est presque toujours proportionnel à l'espace que les rameaux occupent dans les airs.

11. On doit faire choix, pour semences, de fruits de la meilleure qualité et parvenus à une maturité non équivoque.

12. Immédiatement après la récolte, on s'occupe de *stratifier* les semences qui perdent plus aisément leurs facultés germinatives, telles que les glands, châtaignes, marrons d'Inde, etc., et qu'on se propose de ne semer qu'au printemps. La *stratification* consiste à placer alternativement une couche de *graines* sur une couche de terre ou de sable bien sec, dans un tonneau défoncé par le haut, que l'on garantit de la gelée en le déposant dans la cave ou le sellier, ou bien en le recouvrant entièrement de *litière* (B 47).

13. Cette opération a pour but non seu-

lement de conserver à la semence sa faculté germinative, mais encore de mettre la germination à l'abri des accidens qui pourraient la menacer; et pour favoriser la sortie du germe, on a la précaution, lorsque l'époque des semis approche, de mouiller légèrement les couches sans les déranger.

14. On *stratifie* principalement les graines que l'on expédie à l'étranger et dans les pays lointains. On se sert alors ou de terreau ou de bois pourri ; et les semences arrivent presque toujours dans l'état le plus favorable de la germination.

15. Duhamel-Dumonceau recommandait d'enfouir ces semences dans des tranchées de quatre pieds de profondeur; espèces de *silos* (A 61) propres à préparer et à retarder en même temps la sortie du germe [1].

16. On sème au printemps les semences qui mûrissent au printemps (*Ormes, Pins et Sapins*) et en automne celles qui mûrissent

---

[1] A une certaine profondeur (A 54), nulle semence ne germe ; et il en est qui peuvent se conserver indéfiniment peut-être dans le sein de la terre. C'est ce qu'on a lieu d'observer lorsqu'on défonce profondément certains emplacemens. On y voit reparaître tout-à-coup des végétaux qui en avaient disparu depuis vingt-cinq à trente années.

dans cette saison, et qui ne redoutent pas de passer l'hiver dans la terre.

17. Enterrez à deux pouces de profondeur les grosses amandes ou noyaux (*Pêches*, *Noix*, etc); recouvrez seulement d'un peu de terreau les semences les plus fines (*Aune*, *Saule*, *Peuplier*, etc.).

18. Pour préserver les jeunes plants du hâle, et conserver autour d'eux une humidité propice, quelques agronomes sèment alternativement une rangée de fruits et deux ou trois rangées d'avoine; d'autres sèment très-dru, pour que les plants encore jeunes se protégent mutuellement; on les éclaircit successivement à mesure qu'ils grossissent.

19. Ces semis se font ou sur *place* ou en *pépinière*. La *pépinière* est un enclos ou une portion de terre destinée à élever des plants que l'on doit replanter ensuite. Celui qui l'exploite dans un but commercial se nomme *jardinier pépiniériste*.

20. Une terre médiocre suffit à la *pépinière*; le terreau lui serait préjudiciable, soit parce que les plants y croîtraient avec luxe mais débiles, soit parce qu'au sortir de ce riche terrain ils ne s'accommoderaient plus d'un terrain ordinaire.

21. Les agronomes qui se proposent de se

livrer a de grandes plantations ne devraient pas avoir recours aux pépinières des autres. Ils seraient dédommagés des frais et du sacrifice d'un emplacement, en évitant les frais et accidens du transport, ainsi que les influences funestes que peut exercer, sur la croissance du végétal, le changement d'exposition et de terrain, enfin en jouissant, dans la plus grande latitude, de la faculté de choisir les plants les plus beaux et les plus convenables.

22. La meilleure méthode de semer les pepins et noyaux des arbres et arbustes dans la pépinière, c'est de le faire en rayons distans d'un pied et profonds d'un pouce pour les pepins et graines fines, et distans de deux pieds pour les noyaux; l'on dépose ceux-ci un à un ou deux à deux dans des trous de trois pouces de profondeur. On recouvre les semis d'un doigt de terre fine, qu'on saupoudre ensuite avec du terreau, ou du fumier bien consommé (A 24 1° et B 9). La direction de ces rayons doit être du nord au midi, afin que le soleil pénètre entre les intervalles vides, et qu'un rang de plants n'ombrage pas l'autre.

23. Pendant la première année, on sarcle (A 56), et l'on arrose (B 68) si la séche-

resse est trop grande. Des arrosemens trop
fréquens ne donneraient aux plants qu'une
vigueur illusoire.

CHAPITRE II.

TRANSPLANTATIONS [1].

24. Si les plants provenus de graines sont
assez forts la première année, on les *repique*
à la fin de l'automne ou en hiver, par un
jour doux et humide, mais non après de
fortes pluies. Pour ménager les racines en
arrachant, on pratique au bout de la planche une tranchée, et on fouille avec la
pioche tout ce qui se présente.

---

[1] *Semer,* c'est *jeter à la volée* ou *déposer dans des
trous séparés* les semences des plantes. *Planter,* c'est
confier à un nouveau sol un plant qui a levé ailleurs.
On dit aussi *planter des graines,* dans la seconde accep-
tion du mot *semer;* nous ne l'employons jamais dans
ce sens. *Transplanter* comprend l'*arrachage,* le *transport* et le *plantage;* il peut s'appliquer aux plants jeunes
ou vieux. *Repiquer* se dit spécialement de la première
ou deuxième transplantation d'un plant venu de graines, dans une autre portion du même terrain. On
transplante pour toujours ; on *repique* provisoirement,
pour éclaircir les semis , ou pour soustraire le jeune
plant aux influences atmosphériques.

§ Ier. *Arrachage.*

25. Deux opérations importantes suivent immédiatement l'*arrachage*; la première a rapport aux racines, la deuxième à la tête du plant que l'on repique en pépinière.

26. On a remarqué que les plants poussent deux espèces de racines : les *latérales*, qui s'étendent plus ou moins horizontalement dans la terre, et qui par conséquent ne sortent jamais du milieu favorable à leur végétation; et ensuite le *pivot*, qui continue la tige en sens contraire, c'est-à-dire en s'enfonçant perpendiculairement dans le sol; ce *pivot* raffermit sans doute l'arbre contre la force du vent, mais ne sert pas autant la végétation que les tiges latérales, puisqu'il ne peut élaborer qu'un terrain moins riche que la couche superficielle.

27. On a remarqué en outre que l'amputation du *pivot*, à l'état jeune, détermine l'apparition de racines latérales, sans nuire à la prospérité du plant, mais qu'à un état plus avancé cette opération pourrait avoir des conséquences fâcheuses.

28. Les agronomes guidés par l'expérience ont donc pris le parti de couper le pivot à l'époque du *repiquage*, et de rafraîchir les

racines latérales, le tout avec netteté et sans déchiremens ou écorchures ; ce que le jardinier appelle *habiller* les racines. Ce retranchement du pivot est même indispensable, quand on se propose de *replanter* dans un sol peu profond ; car alors le *pivot*, qui formerait l'unique organe souterrain de la plante, serait contraint de s'arrêter à un développement imparfait (10).

29. Duhamel-Dumonceau recommande même de s'y prendre de meilleure heure, et de couper, à l'époque de la germination (13), la racine qui sort la première et qui doit former le *pivot*. Il était dans l'usage de ne confier à la terre les semences qu'après leur avoir fait subir cette opération.

30. Quant à la tête des plants à repiquer (25), on ne la coupe que lorsque la sommité de la tige est languissante ou que le *système radiculaire* est peu fourni.

§ II. *Transport.*

31. Le plant souffre d'autant plus que ses racines sont plus long-temps exposées à l'air ; ce qui indique suffisamment que l'on doit les *repiquer* à mesure qu'on les arrache, si toutefois la pépinière est voisine.

32. Mais si l'on est forcé de faire venir de loin des plants déjà un peu forts, il est nécessaire de prendre des précautions pour les préserver non seulement des accidens du voyage, mais encore des effets du hâle ou de la gelée, et du contact de l'air.

33. Après avoir *habillé* les racines (28) et coupé les têtes à la même hauteur, on forme des paquets de plusieurs plants ensemble, en les *béchêvetant*, c'est-à-dire en posant alternativement les racines de l'un contre la sommité de l'autre. On introduit, entre les racines, de la mousse ou des bouchons de paille froissés et humides, et on les enveloppe avec du *pesat* ou paille de Pois, ou de la paille longue; on lie les tiges avec des cordes de paille ou de foin en spires contiguës, que l'on soutient en outre avec quelques liens d'osier ou de jonc. On en charge ensuite ou des bêtes de somme ou des voitures, en les garantissant d'avance contre les frottemens, avec des gros bouchons de liége ou des tampons de paille.

34. Ces précautions, dont l'effet est infaillible en général pour des voyages d'assez long cours, sont insuffisantes pour le transport des arbres résineux. A mesure que les plants sont arrachés de terre, on doit à trois

reprises en tremper les racines jusqu'au collet dans un mélange un peu liquide d'eau,
de terre limoneuse (A 10) et de bouse de
vache. Après chaque fois on laisse sécher la
croûte à l'air.

35. Il en est d'autres d'une *reprise* plus
difficile, que l'on élève exprès dans des pots,
pour les planter avec leurs mottes dans des
mannequins d'osier ; tels sont le Houx et les
Lauriers.

36. Les arbres une fois arrivés à leur destination, on doit ne défaire les bottes qu'à
mesure qu'on a besoin de les planter ; en attendant on les couvre de paille. Si pourtant
il fallait trop attendre, on devrait alors *au-
biner* les plants, c'est-à-dire les arranger tout
près les uns des autres, dans une grande
tranchée que l'on recouvrirait de terre ou
plutôt de terreau.

§ III. *Plantation en pépinière et en place.*

37. En pépinière on forme des rigoles
de six pouces de profondeur et de largeur
et distantes d'un pied et demi, quand on se
propose de ne garder les plants que jusqu'à
la troisième année ; à l'égard des arbres destinés aux allées, et que l'on doit élever plus long-

temps, les rigoles et les arbres doivent avoir trois pieds de distance. Lorsque les plants sont apportés du *semis* voisin (19), le planteur, un genou en terre, place chaque arbre par la racine au milieu d'une rigole, en laissant entre tous les plants neuf pouces d'intervalle; il les aligne au moyen d'un cordeau bien tendu, et couvre les racines de terre avec la main droite, sans achever de combler la rigole; et dès que tous les plants arrachés sont ainsi disposés, ce qui doit avoir lieu à la fin de la journée, les arracheurs et les planteurs s'emparent tous ensemble de la *houe*, pour achever de combler les rigoles et d'unir le terrain, si la terre n'est pas trop humide; car on doit bomber la rigole dans le cas contraire, et tenir la rigole un peu creuse, si le sol était par trop sec.

38. Lorsqu'on plante en place, on se règle, quant aux distances et à l'alignement, sur les dimensions que doit atteindre un jour le jeune plant, et sur sa destination spéciale.

39. On plante ou bien dans des *tranchées*, ou bien dans des *jauges* ou *augets*, espèce de tranchées cubiques, et qui ne reçoivent qu'un seul plant. On a recours principalement aux *tranchées* dans les terrains ingrats ou peu

profonds, et on les remplit avec de la bonne
terre de la surface, ou de la terre appor-
tée d'ailleurs. On ouvre les *tranchées* et les
augets quelque temps avant la plantation,
afin que les terres s'élaborent mieux , étant
plus long-temps exposées à l'air et à la pluie.

40. On y dépose le plant dans sa position
naturelle ; on recouvre les racines avec de la
terre meuble et du fumier très-court ; on
plombe, c'est-à-dire on affermit le sol, soit en
le *trépignant*, soit au rouleau , et on arrose
les plants jusqu'à ce qu'ils aient parfaitement
bien repris.

41. On doit étudier son terrain avant de
faire choix des sujets ; car, ainsi que les végétaux herbacés, les arbres et arbustes préfèrent tel sol à tel autre : le Saule se plaît sur
le bord des eaux , le Pin dans le sable, et
l'Orme dans les terrains secs.

42. Si la couche de terre végétale était
trop mince, et que l'on fût assuré que le tuf
ou banc de pierre, sur lequel elle repose quelquefois, recouvrît un lit de terre plus meuble
et sablonneuse, on n'aurait qu'à s'applaudir
d'avoir perforé le banc de pierre, pour donner
passage aux racines de l'arbre, et, dans ce cas
même, il vaudrait mieux conserver le pivot (28). Enfin si l'on avait à faire des

plantations considérables, il serait bon, avant de s'aventurer dans cette dépense, de sonder le terrain sur divers points. On se sert à cet effet des instrumens de sondage destinés au forage des *puits artésiens.*

CHAPITRE III.

AUTRES MODES
DE MULTIPLICATION DE L'ESPÈCE.

43. Nous venons de nous entretenir des conséquences de la multiplication par semence. Mais la nature a indiqué d'autres moyens de reproduction, dont l'art a profité avec des immenses avantages. Nous voulons parler de la reproduction par *marcottes, boutures, œilletons* et *greffe ;* quatre sortes d'opérations qui improvisent, pour ainsi dire, un végétal, en le dispensant de passer longuement par toutes les phases de la végétation herbacée (*germination, semis* et *repiquage*) (13,19,31).

§ I. *Marcottage.*

44.*Marcotter*ou *provigner*, c'est, au moyen de certains procédés, déterminer des rameaux *qui tiennent encore au plant,* à pousser des racines dans la terre, pour y former des pieds séparés de la mère. Le produit de l'opération se nomme *marcotte* ou *provins*.

45. Marcottez au premier printemps[1] les végétaux ligneux des zônes glaciales et froides (Pin, Sapin, etc.), et, au commencement du second, ceux des zônes tempérées, c'est-à-dire originaires de notre climat, afin que le marcottage précède de quelques jours l'ascension de la séve.

46. Le *marcottage* le plus simple est celui que l'on opère en courbant, dans des petites fossettes, des rameaux jeunes et vigoureux d'un à deux ans, que l'on recouvre de terre, à l'exception de leur extrémité que l'on dirige en l'air. La portion enterrée pousse des racines ; et l'on *sévre* la marcotte, c'est-à-dire on coupe ras de terre la portion de rameau qui la lie à la plante mère, lorsqu'on est sûr que la marcotte a de quoi se suffire à elle-même. Le *sevrage* doit être terminé à

---

[1] Les jardiniers divisent le printemps en trois parties : la première s'étend en général depuis la fin de janvier jusqu'à la mi-février, c'est celle qui précède et prépare le mouvement de la séve. La seconde s'étend jusqu'en avril; c'est le temps ou la terre, disent-ils, entre *en amour*, c'est l'époque de l'ascension de la séve, de l'apparition ou du développement des bourgeons.

l'époque de la première séve. C'est ainsi qu'on marcotte la vigne et une foule d'autres arbres indigènes ; quoique les arbres résineux et toujours verts puissent être reproduits par le marcottage, cependant on a remarqué que les plants obtenus par ce procédé ne deviennent jamais aussi beaux que ceux provenus de semence.

47. Outre le marcottage par les rameaux, il en est encore un autre par les racines ; il consiste à exposer à l'air un arc quelconque d'une longue racine. La partie mise à nu ne tarde pas à produire une tige ; surtout si l'on a pratiqué une incision peu profonde sur son écorce, que l'on recouvre d'un peu de terre.

§ II. *Boutures.*

48. Les boutures sont des rameaux *détachés du plant*, que l'on plante en terre pour leur faire prendre racine. Ce marcottage convient spécialement aux Saules, à l'Osier, au Sureau, aux Peupliers noirs. On se sert à cet effet de branches droites, ayant huit à dix pouces de longueur, qu'on nomme plantards ou *plançons*, que l'on coupe en février et mars, et dont on laisse tremper

quelques jours le gros bout dans de l'eau, jusqu'à ce qu'on le confie à la terre.

49. A l'égard de certaines autres plantes (*Buis* et *If*), on se sert de branches très-jeunes et d'une bien moindre dimension; et dès qu'elles ont repris, on les met en pépinière.

§ III.   *OEilletons, éclats et drageons.*

50. Les *œilletons* sont des jeunes pousses qui ont pris racine alors qu'elles tiennent encore au collet du plant maternel. On les *éclate*, c'est-à-dire on les détache avec précaution de la souche principale, et on obtient par là un végétal complet (B 287).

51. On provoque la formation d'œilletons, sur les souches qui refusent d'en produire, en coupant, soit ras de terre, soit à un ou deux pieds de terre, la tige principale; il pousse des rejetons nombreux de toute la circonférence de la souche conservée, et à la première ou à la seconde année, on les *butte* à leur base avec de la bonne terre. Les rejetons prennent racine, et fournissent ainsi tout autant d'œilletons que l'on transplante au printemps. Ce procédé réussit très-bien à l'égard des Aunes, Tilleuls et Platanes.

52. L'*éclat* ne diffère de l'*œilleton* que par e petit nombre de racines qui lui sont pro-pres.

53. Les *drageons* ou *surgeons ou turions* sont des racines qui tracent à quelques pouces sous terre et poussent des bourgeons, sans *être en contact immédiat avec l'air exté-rieur* (47). On coupe la racine principale des deux côtés du bourgeon, et l'on obtient ainsi une marcotte *sevrée*. Les Cerisiers, Pruniers, Ormes , Peupliers blancs, etc., se multiplient, de cette manière, avec une es-pèce de prodigalité.

§ IV. *Greffe.*

54. La greffe est un procédé au moyen duquel on fait servir à la nourriture d'un rameau privilégié, qui s'appelle spécialement la *greffe*, le tronc et par conséquent les ra-cines d'un arbre d'une qualité inférieure que l'on nomme le *sujet*; c'est une espèce de bou-ture (48) parasite.

55. Pour produire cette association in-time de deux individus quelquefois différens d'espèce, il suffit de mettre en contact mu-tuel des portions dénuées de leurs couches intérieures, de manière que les deux écorces

vertes se touchent intimement par leurs bords taillés; et, à la faveur de quelques précautions, les deux individus ne tardent pas à se souder ensemble.

56. Il existe trois procédés différens, que l'on peut varier de mille manières accessoires : la *greffe par approche*, la *greffe en fente* et la *greffe en écusson*.

57. La *greffe par approche*, est, par rapport aux deux autres, ce que la marcotte est par rapport à la bouture. Elle consiste à rapprocher intimement (54) deux rameaux tenant chacun à leurs pieds enracinés, et dont on n'isole le plus utile qu'après que la soudure est à l'abri de toute espèce d'accident.

58. A cet effet, à l'époque de l'ascension de la séve, on pratique, sur les parties correspondantes des deux individus, des plaies nettes et égales entre elles, qui intéressent l'*Aubier* (2) et quelquefois même le bois et l'étui médullaire. On réunit, aussi exactement que possible, ces deux plaies; on lie ensemble les deux individus avec des lanières de fil ou d'écorce; et dans certains cas, pour s'opposer aux infiltrations de l'eau de pluie, on recouvre les bords de la greffe avec un mélange d'argile grise ½, de bouse de

vache récente $\frac{1}{4}$, et d'eau $\frac{1}{4}$, que l'on enveloppe d'un linge [1]. Crainte que l'agitation de l'air ne sépare les deux individus, on peut les fixer encore contre une tige plus solide, que l'on nomme tuteur. On doit veiller avec soin à ce que les ligatures ne nuisent pas, à la longue, à la circulation de la séve, à mesure que le végétal grossit, et ne parviennent même à couper ou à inciser les deux branches. Dès que la soudure paraît parfaite, on peut couper le *sujet* (54) au-dessus d'elle et la greffe au-dessous, à moins qu'on ne veuille faire servir le résultat de cette opération à la composition d'une espèce de treillage; et, dans ce cas, on peut s'amuser à rapprocher entre elles les racines, les tiges, les rameaux, de mille manières différentes.

59. Pour faire les deux plaies on se sert du *greffoir*, et de la *serpette* pour couper les branches.

Le *greffoir* (fig. 1re) est une espèce de canif composé d'une ou de deux larges lames d'acier A, d'un manche strié de corne de-

---

[1] Ce mélange se nomme *terre à poupée*, *onguent de Saint-Fiacre* (patron des jardiniers). On le remplace aujourd'hui par le mélange suivant : $\frac{1}{2}$ de cire jaune, $\frac{1}{4}$ poix commune, $\frac{1}{4}$ poix de Bourgogne.

cerf B, terminé par une spatule d'ivoire C.

La *serpette* (fig. 2) se compose d'un manche recourbé en arrière, pour recevoir au besoin une lame recourbée en croissant et tranchante par devant; on doit entretenir ces deux instrumens dans un état parfait de propreté et de conservation.

60. *La greffe en fente* exige des précautions plus délicates. On coupe horizontalement le sujet (54) avec une scie si son diamètre est considérable, avec la serpette (59) si le sujet n'est que de la grosseur du doigt. Sur un point quelconque de la circonférence du sujet, on pratique une fente perpendiculaire, avec la serpette, ou bien avec un coin qu'on enfonce avec un maillet si le tronc est trop épais; d'un autre côté on taille, en coin allongé et aigu, le gros bout d'une greffe de deux ans, munie de deux ou trois *yeux* (*gemmœ*, *bourgeons*); et l'on introduit le bout taillé de la greffe dans la fente du sujet, en retirant peu à peu le coin ou la serpette, de manière que le *liber* [1] de l'un corresponde exactement au *liber* de l'autre. On recouvre la plaie avec l'un des deux amal-

-----

[1] On entend par *liber* la portion mince qui se trouve entre l'Aubier et l'écorce (2).

games dont nous avons déjà parlé (58), que l'on enveloppe d'un linge; ce qui a fait donner à cet appareil le nom de poupée.

61. Si le ressort du bois ne suffisait pas pour presser la greffe, on lierait fortement le sujet avec de l'osier.

62. On a grand soin d'enlever tous les rameaux que pourrait pousser le sujet au-dessous de la greffe.

63. Si le sujet était d'une certaine dimension, au lieu d'une seule greffe, on pourrait lui en imposer deux ou trois.

64. On effectue cette greffe au printemps, à la séve montante.

65. Si l'on était obligé de faire venir de loin les jeunes rameaux, il faudrait prendre à leur égard les mêmes précautions qu'à l'égard des arbres mêmes (33).

66. L'opération peut se faire en sens inverse, c'est-à-dire que l'on taille le sujet en coin et qu'on l'insinue dans la fente de la greffe, qui se trouve ainsi à califourchon sur le sujet. C'est la greffe par *enfourchement* de Duhamel ou la greffe *Dumont-courset* de Thouin.

67. La *greffe en couronne* ne diffère de la *greffe en fente* qu'en ce qu'au lieu d'insinuer la greffe dans une fente pratiquée tout exprès on

en introduit le bout taillé en cure-dent entre l'Aubier et l'écorce du sujet; et, comme on peut ainsi placer plusieurs greffes sur la circonférence du tronc à trois pouces de distance les unes des autres, la greffe a pris le nom de *greffe en couronne*. On ne pratique cette greffe que lorsque les arbres sont en pleine séve.

68. La *greffe en écusson* s'opère au moyen de l'écorce seule ; et c'est là la principale circonstance qui la distingue des deux greffes précédentes, lesquelles ont lieu au moyen de la soudure du bois. On en distingue deux espèces : la *greffe* en *écusson proprement dit*, et la greffe *en sifflet* ou *en flûte*.

69. On procède à la *greffe en écusson proprement dit*, en enlevant, avec le greffoir, une lame d'écorce au milieu de laquelle se trouve un *œil* bien *aoûté* (mûr). On tâche d'intéresser l'Aubier à la hauteur de l'œil, afin de ne pas endommager l'œil lui-même ; et comme l'on se rapproche de l'écorce en descendant au-dessous de l'œil, le lambeau enlevé prend la forme d'un *écusson* de chevalier, d'où lui vient son nom. Ce lambeau doit avoir un pouce au moins de long. On enlève ensuite délicatement, avec la spatule du greffoir (59), et sans blesser la base de l'œil, tout l'Aubier qui adhère à l'écorce, et l'on place

l'écusson entre les lèvres. En même temps on pratique sur l'écorce d'un sujet d'un à cinq ans, préalablement taillé horizontalement, deux incisions, l'une horizontale et l'autre verticale et au-dessous de la première, de manière à produire un T ; avec la spatule du greffoir on écarte les lèvres de l'incision verticale, et on introduit entre elles et l'Aubier l'écusson que l'on a préparé, de manière que le bord supérieur de l'écusson soit contigu au bord de l'incision horizontale du sujet, et que son extrémité aiguë s'insinue dans l'incision verticale ; on applique ensuite les lèvres de l'incision sur l'écorce de la greffe, et on l'entoure avec des liens de laine, en ayant soin de ne pas conprendre l'œil dans la ligature.

70. On opère cette greffe au printemps, ou en autonne ; dans la première saison on l'appelle *greffe* à *œil poussant*, et dans la seconde *greffe* à *œil dormant*, parce que l'œil se développe aussitôt après l'opération dans la première époque, et qu'il ne se développe qu'au printemps suivant dans la seconde. Dans le second cas on ne coupe pas la tête du sujet avant l'opération.

71. Au lieu de faire une incision en T sur le sujet, on peut se contenter d'appliquer

2.

une plaque d'écorce munie d'un œil sur une plaie faite au sujet par l'enlèvement d'une plaque d'écorce équivalente, et varier à l'infini les circonstances accessoires, car cette greffe est la plus facile à opérer et la plus prompte à réussir ; et, si elle fait défaut, on peut la recommencer tant que dure la séve. La soudure a lieu dans l'espace de quelques jours.

72. Quelques semaines après, on examine s'il ne serait pas nécessaire de desserrer les ligatures, pour arrêter le développement des bourrelets ou étranglemens qui en sont les suites ordinaires.

73. La *greffe en flûte* ou *en sifflet* diffère de la *greffe en écusson*, en ce qu'ici l'*écusson* est remplacé par un anneau complet d'é-corce. On choisit à cet effet, pour la greffe, un rameau d'un diamètre égal à la tête du sujet. Au moyen de deux incisions parallèles et horizontales pratiquées circulairement sur le rameau utile, on forme un anneau d'écorce possédant un *œil* de bonne qualité, et par une légère torsion on parvient à détacher ce petit tuyau de l'Aubier qu'il enveloppe. D'un autre côté on fait subir la même opération et avec les mêmes proportions à la sommité amputée du sujet; et après

en avoir tiré l'anneau d'écorce, on introduit sa portion dénudée dans l'anneau étranger que l'on désire greffer sur lui. On lute la partie amputée du sujet ainsi que les scissures avec de l'onguent Saint-Fiacre. (38*)

74. Cette greffe s'opère à l'ascension de la première séve (second printemps) ou vers la fin de la descente de la seconde (automne). Car alors seulement l'écorce se détache d'une manière nette et facile de l'Aubier. Dans l'une et l'autre saison il ne faut y procéder que par un temps doux, sec, et aux heures où le soleil a peu de chaleur.

75. Ces lambeaux d'écorce doivent être enveloppés d'herbe fraîche et de linge mouillé, si l'on n'a qu'un ou deux jours à attendre; mais s'il s'agissait de leur faire subir un voyage de quatre à cinq jours, on aurait soin de les implanter dans un concombre ou autre fruit à pulpe parvenu à sa maturité.

76. Une règle générale à l'égard des greffes, surtout des deux premières, c'est de n'enlever l'appareil que lorsqu'on n'a plus à craindre que la force des vents ou le poids de la branche ne désunisse les deux individus que la greffe avait pour but d'identifier.

77. M. Tschudy a appliqué, dans ces derniers temps, la greffe aux tiges des végétaux herba-

cés (A et B). Au moyen de procédés fort
délicats, l'auteur est parvenu à greffer des
pins sur des sapins, des bourgeons de chênes
entre deux feuilles séminales, un artichaut
sur un cardon lancéolé, une tige de melon
sur celle d'un concombre, une tige de to-
mate sur celle d'une pomme de terre; expériences qui intéressent beaucoup plus la
théorie que la pratique de l'art.

CHAPITRE IV.

DE LA TAILLE.

78. Lorsque le plant est repiqué ou trans-
planté sur place, qu'on a amélioré ses qualités par la greffe, il reste à le *conduire* habilement, afin de prévenir les causes diverses
qui pourraient être capables de retarder,
diminuer ou altérer ses produits, ou de le
rendre impropre à l'usage qui est le but
principal de sa culture. Cette branche de
l'art se nomme la taille.

79. On ne taille que les arbres auxquels
l'art demande des fruits ou de l'ombrage.
Dans le premier cas cette opération se

nomme *taille proprement dite*, et se pratique au moyen de la serpe ou serpette (59). Dans le second elle prend le nom de *tonture*, et se pratique au moyen des *croissans*.

80. Le *croissant* ordinaire (fig. 3) est une grande serpe emmanchée d'une tige longue de six pieds environ , et avec lequel on peut atteindre les rameaux à la hauteur de neuf à dix pieds.

81. La *taille* et la *tonture* ne s'appliquent jamais aux arbres des bois et forêts, qu'on appelle arbres de futaie ; car à ceux-ci on demande un tronc robuste et élancé ; et l'on ne cherche jamais à en sacrifier la longueur, qui fait leur prix, au besoin d'en obtenir des fruits ou de varier les ombrages.

82. La taille comprend diverses opéra-tions générales que nous allons décrire dans tout autant de paragraphes.

§ I. *Taille sur l'œil.*

83. *Tailler sur l'œil*, c'est couper (79) le rameau au-dessus d'un bourgeon (*œil*) [1].

---

[1] Nous avons déjà dit que le bourgeon est un petit bouton enveloppé d'écailles qui naît dans l'aisselle d'une feuille.

84. On pratique cette opération en *bec de flûte* à deux millimètres au-dessus de l'œil même ; à cet effet on applique le tranchant de la serpette du côté du nord contre la branche, et on tire à soi de bas en haut.

85. On donne à la taille la forme de *bec de flûte*, afin que l'eau des pluies ne séjourne pas sur la plaie et n'en altère pas le bois ; on la pratique à deux millimètres, parce que, plus haut, il se formerait un onglet qui empêcherait la nouvelle plaie de se couvrir d'écorce, et que, plus bas, le bouton serait endommagé (*éventé*), et périrait [1] par suite de son altération.

86. Quand l'œil au-dessus duquel on taille est sur la surface interne de la branche, c'est-à-dire sur celle qui regarde l'intérieur de la tête formée par les rameaux, on dit *tailler l'œil en dedans*. Quand le bourgeon au contraire se trouve sur la surface opposée, on dit *tailler l'œil en dehors*. Lorsque l'arbre n'a point de tête, mais est conduit en éventail, on dit *tailler sur les yeux latéraux* à droite ou à gauche du tronc.

87. *Ravaler* un rameau, c'est le tailler

---

[1] C'est le développement des bourgeons qui attire la séve nécessaire à l'accroissement des organes et à la réparation de la substance que la taille a enlevée.

ı sur le premier, le sixième ou le huitième œil.

88. Le *charger*, c'est le tailler long, à quatre ou cinq pieds environ.

89. *Décharger*, c'est corriger l'opération précédente et tailler court. On dit encore *allonger* et *raccourcir* la taille.

90. *Rapprocher*, *ravaler* ou *rabaisser* un arbre, c'est couper sur le vieux bois pour obtenir de nouvelles pousses. On a recours au *rapprochement*, toutes les fois qu'un arbre s'est trop allongé; mais on doit avoir soin de ne rapprocher alors que graduellement et en coupant, chaque année, un peu plus bas que la première fois, ce que l'on appelle *receper*.

91. *Palisser*, c'est opérer un *palissage*, c'est-à-dire c'est attacher contre un mur ou un treillage les jeunes rameaux des arbres.

§ II. *Ébourgeonnage.*

92. Cette opération consiste à supprimer les bourgeons dont le dévoloppement nuirait au but que l'on se propose d'atteindre dans la taille régulière.

93. On *ébourgeonne* de trois manières : en *éborgnant*, en *pinçant* et en *cassant*.

94. *Éborgner*, c'est enlever, à l'époque de la taille , les boutons à bois, capables de produire, lors de l'ascension de la séve, des bourgeons inutiles ou nuisibles.

95. Le *pincement* consiste à couper, avec les ongles, la sommité d'un bourgeon de l'année, parvenu à une certaine longueur, afin de mettre à fruit des arbres jeunes et trop vigoureux.

96. Le *cassement* se fait en appuyant le pouce sur la branche en face du tranchant de la serpette. Après avoir fait cette entaille, on rompt, on éclate la branche. Si l'on taillait le rameau (83), la plaie pourrait se recouvrir d'écorce et produire d'autres rameaux à bois sur la sommité. En l'éclatant au contraire, la plaie refuse de se cicatriser, et les bourgeons inférieurs se développent en branches à fruits ; mais on ne doit jamais avoir recours au *cassement* à l'égard des rameaux trop faibles.

97. On cherche à produire le même résultat, quand on emploie l'*arcure*, opération qui consiste à courber une branche stérile.

98. Nous devons comprendre l'*effeuillage* dans l'opération de l'*ébourgeonnage*. On *effeuille* , c'est-à-dire on retranche une certaine quantité de feuilles, pour *aoûter*, c'est-

à-dire pour faire mûrir les fruits plus promp-
tement.

§ III. *Incisions.*

99. L'*incision annulaire* est une opération
par laquelle on enlève circulairement à une
tige un anneau plus ou moins large d'é-
corce.

100. On s'est servi dès la plus haute an-
tiquité de ce procédé, pour mettre à fruit
des branches vigoureuses mais stériles, et
pour hâter la maturité et améliorer la nature
des fruits; pour modérer la fougue d'une
branche ou d'un tronc; pour disposer des
boutures à la reprise, en déterminant un
bourrelet, organe factice mais éminemment
propre à produire des racines. M. Lambry,
pépiniériste du département de Seine-et-
Oise, en renouvela l'application à la taille
des vignes, six à huit jours avant la floraison,
pour en prévenir la *coulure;* et depuis 1816,
époque si désastreuse pour les vignobles,
cette application s'est de plus en plus pro-
pagée.

101. La largeur de l'anneau varie d'une
ligne à deux pouces, en raison de la vigueur
et des dimensions du sujet. Afin de se fixer
sur les proportions, de l'incision à la tige, on

doit admettre que l'incision est de quatre lignes pour un individu de quatre pouces.

102. Quelques jours après l'enlèvement de l'anneau, on voit sortir, entre le bois et l'écorce, une substance mucilagineuse, que les physiologistes ont nommée le *cambium*. Cette substance durcit peu à peu, et s'organise insensiblement, de sorte qu'à la seconde année au plus tard (si le sol n'est pas trop bon, ou que la saison soit peu favorable), l'anneau d'écorce est totalement remplacé.

103. Pour pratiquer l'*incision annulaire*, on peut se servir de la *serpette* (59). Cependant l'opération est plus précise et plus rapide au moyen d'une *pince à double lame*, avec laquelle on embrasse la tige, en donnant ensuite à l'instrument un mouvement horizontal de va et vient. La fig. 4 la représente réduite comme tous les autres instrumens de cet ouvrage.

104. L'*incision longitudinale* sert à desserrer le bois et l'*Aubier* (2) d'une tige trop comprimée par une écorce devenue dure et inerte; ce que l'on reconnaît à la stérilité ou à la faiblesse d'une tige qui possède pourtant de vigoureuses racines.

105. On dirige cette incision, avec la pointe de la serpette, depuis le dessous des

branches inférieures jusqu'au sol, si cette maladie a envahi la tige dans toute sa longueur. Cette incision doit intéresser toutes les couches de l'écorce [1].

CHAPITRE V.

ACCIDENS NUISIBLES A LA VÉGÉTATION DES ARBRES.

§ I.   *Maladies des arbres.*

106. *Épuisement.* Les feuilles se flétrissent et tombent lorsque le sol, tout favorable qu'il est à la végétation, manque d'humidité. Dans le cas contraire, c'est-à-dire lorsque, avec un degré suffisant d'humidité, le sol est infertile, les pousses restent faibles, les feuilles tombent avant l'automne, et les fruits se détachent avant leur développement ordinaire. La première maladie se guérit par de fréquens arrosages ; la seconde en amendant le sol (A 15). La *jaunisse* est une maladie analogue.

107. *Pléthore.* Lorsque l'humidité est trop

[1] Nous reviendrons sur les modifications de toutes ces opérations, dans chacune des trois parties suivantes.

abondante, les feuilles tombent encore vertes, les fruits pourissent sur l'arbre ou tombent fades et sans goût. On répare ce mal, en pratiquant dans le sol, de profondes saignées, que l'on peut recouvrir de dalles et ensuite d'un pied de terre.

108. *Ulcères, chancres, carie.* Il se forme parfois, sur l'écorce des arbres, des espèces de plaies, d'où suinte une humeur corrosive et saturée de potasse combinée avec un acide végétal, que l'on désigne par le mot de *carie*. La présence de la *carie*, en désorganisant les tissus, détermine la formation de l'*ulcère*, qui prend le nom de *chancre*, quand ses ravages s'étendent dans l'intérieur de la branche ou du tronc. Les causes les plus ordinaires de cette maladie sont les blessures et contusions faites à l'écorce par le marteau ou les instrumens tranchans, les procédés vicieux pour contenir les greffes, les tailles horizontales et mal faites qui permettent à l'eau de séjourner entre les fibres du bois, etc. Quand l'*ulcère* est superficiel, il est facile d'en arrêter les progrès, en enlevant jusqu'au vif toute la partie infectée, et en recouvrant la nouvelle plaie, bien unie, avec de l'onguent Saint-Fiacre (58¹), ou bien avec la composition de Forsyth, qui consiste à

mêler ensemble un boisseau de bouse de vache, un boisseau de plâtras de vieux bâtimens ou de craie, un demi-boisseau de cendre de bois, et la septième partie d'un boisseau de sable de rivière, que l'on délaie avec de l'urine et du savon, jusqu'à ce que le mélange ait la consistance d'un mortier un peu liquide. Ce mélange est fort estimé en Angleterre, et il nous paraît propre, par les diverses bases qui y rentrent, à neutraliser l'acide qui paraît être la cause première de cette ulcération.

109. *Gomme.* La gomme est moins une maladie qu'une cause fréquente d'accidens auxquels sont surtout sujets les arbres à noyaux. Le suc gommeux qui circule par le véhicule de la séve et sert aux développemens des tissus, vient quelquefois à filtrer à travers les crevasses de l'écorce, et là, par l'effet d'une évaporation rapide, il épaissit et forme un dépôt, qui, à l'état sec, se vend sous le nom de gomme de pays. Si le dépôt devient considérable et s'accumule chaque jour, il ne tarde pas à occasioner des déchirures intestines ; le bois éclate, le cours de la séve s'interrompt, et le ravage s'étend de proche en proche.

Cette maladie se développe principalement

au printemps et en automne. Elie s'annonce par le renflement, la dureté et la couleur de plus en plus noirâtre de l'écorce, qui finit par s'affaisser sous le doigt.

On en arrête les progrès en taillant (108) la portion qui en est affectée, et en la recouvrant d'onguent Saint-Fiacre (58¹); précaution que l'on ne doit jamais négliger de prendre, toutes les fois qu'on opère une solution de continuité quelconque dans la substance d'un arbre.

110. Le *blanc*, le *meunier* ou la *lèpre*. Cette maladie est particulière au Pêcher; elle se manifeste depuis juin jusqu'en septembre, sur les jeunes pousses, les feuilles, et même sur les fruits, par l'apparition d'un duvet blanc et cotonneux analogue à la moisissure. Ce sont des poils qui se développent extraordinairement sur l'épiderme, et qui absorbent, au profit de leur végétation les sucs des organes normaux. Cette maladie est d'autant moins grave, qu'elle se déclare plus près de l'automne.

Les moyens d'arrêter les progrès de cette maladie sont tout aussi ignorés que les causes qui l'engendrent. Elle paraît avoir son siége dans toute l'économie du végétal ; car la suppression des organes sur lesquels elle se manifeste n'empêche pas l'individu de languir ou de dépérir après un laps de temps qui n'est jamais moindre que trois ans. Un des caractères propres de la *lèpre*, c'est de s'étendre du haut de l'arbre vers le bas ; elle ne paraît pas être contagieuse.

111. La *cloque*. Cette maladie est, comme la précédente, particulière au Pêcher. Elle a pour effet immédiat de boursoufler, d'épaissir et de crisper les feuilles, qui par là deviennent ternes et stationnaires. Consécutivement les jeunes pousses cessent de s'allonger, les pucerons se multiplient dans les plis des feuilles[1], les bourgeons et les feuilles tombent, l'arbre reste stérile (4) et dépérit.

112. La *rouille* est une espèce d'*uredo* (A 68, 7°) qui naît sur les feuilles et les jeunes pousses des arbres fruitiers à pepins, sur le pêcher et le prunier. Elle forme des taches d'un rouge brunâtre, analogues aux taches de rouille qu'on remarque sur le fer (*tritoxide de fer*). Cette maladie ronge le

---

[1] Je ne serais pas éloigné de croire que la présence des pucerons est la cause et non une des conséquences de la cloque. Rien n'est plus commun que de rencontrer, sur les végétaux, des productions analogues qui sont évidemment produites par la piqûre des insectes à suçoir.

parenchyme de la feuille, et finit par ne lui laisser que le réseau vasculaire, de même que si elle eût été macérée dans l'eau. Si ce fléau gagne de proche en proche, la chute des feuilles doit nécessairement entraîner le dépérissement de l'arbre (4). La cause et le remède en sont encore à trouver.

§ II. *Accidens occasionés par la gelée et le dégel.*

113. On sait que l'eau augmente de volume en passant à l'état solide, c'est-à-dire à l'état de glace. On sait encore que tout corps absorbe du calorique, le rend latent, en d'autres termes produit du froid, en passant de l'état solide à l'état liquide, et de l'état liquide à l'état de vapeur, d'où vient qu'un mélange de glace et de neige fondante abaisse la température jusqu'à — 19°.

114. Une fois ces principes admis, il est facile de prévoir à quels genres d'accidens la gelée et le dégel peuvent exposer les arbres.

115. La séve, en se congelant, fait fendre les arbres, et même avec une forte explosion, si la température s'abaisse avec rapidité. Les fentes ou *gerses* produites par ce déchirement des fibres dans le sens de leur longueur, sont désignées, par les cultivateurs de forêts,

sous le nom d'*engelivures*. Leurs parois ne se soudent plus, si elles ont eu lieu dans le bois; mais elles subsistent au milieu des nouvelles couches qui continuent à les envelopper chaque année. Ce défaut se montre lorsqu'on vient à scier le tronc; et à l'altération des parois de ces fentes, on les prendrait pour des *abreuvoirs* ou *gouttières* qu'occasionent les progrès de la carie (108) dans le cœur des végétaux ligneux.

116. Le dégel, dans certaines circonstances, produit des effets bien plus désastreux. Le passage rapide de l'état solide à l'état liquide de la séve congelée ou de l'humidité étrangère emprisonnée entre les écailles ou autres organes de la plante, donne lieu à un tel abaissement de température que la substance végétale en est désorganisée et comme brûlée. Ces effets ont lieu surtout aux premiers rayons du soleil levant, par des temps de brouillard et dans des bas-fonds humides. Aussi les végétaux exposés au levant, et ceux qui bordent les marais ou les rivières, sont plus sujets aux accidens de la gelée que ceux que l'on a plantés au midi ou au couchant et sur des hauteurs; enfin les portions du tronc exposées au levant sont plus sujettes à ces accidens que les autres surfaces.

3.

117. Pour prévenir ces accidens produits par le dégel, on a proposé deux moyens : le premier consiste à envelopper le végétal de fumée, afin d'amortir pendant quelque temps les rayons du soleil ; le second à asperger d'eau l'arbre ravagé par la gelée, afin de dissoudre les cristaux de glace avant l'évaporation occasionée par le contact de la lumière. Il est à craindre que, dans certaines circonstances qui peuvent varier à l'infini, ce second moyen ne produise l'effet même qu'on désire éviter.

118. Parmi les désordres qu'on attribue à l'effet du dégel, il en est un que les cultivateurs forestiers appellent la *gelivure entrelardée*. On le reconnaît, en sciant un tronc, aux couches d'aubier qui, au lieu d'entourer le bois, comme à l'ordinaire, alternent avec les couches de celui-ci, tantôt par des cercles concentriques, tantôt par des arcs plus ou moins étendus.

119. Les gelées les plus désastreuses pour les arbres sont celles qui les surprennent en automne ou après l'hiver, à l'époque du mouvement de la séve. Les premières se nomment *gelées hâtives*, les secondes *gelées tardives*.

120. Les *faux dégels* produisent en un jour les deux sortes d'accidens de la gelée et

du dégel. Ils ont lieu lorsqu'un instant un peu doux du jour succède et fait place à une assez forte gelée.

121. Une fois que les effets de ces lois désastreuses ont eu lieu, on ne peut les réparer qu'en amputant (58[1]) les rameaux ou troncs avariés.

§ III. *Accidens causés par les orages.*

122. Après la transplantation, les jeunes arbres sont exposés à être déracinés par les vents; car alors ils ne tiennent presque au sol que par une simple adhérence; ou bien agités et ébranlés en tous sens, il se forme autour de leur base un cylindre vide dans lequel ils jouent librement, et qui permet à l'air et au hâle d'attaquer les racines mêmes. Pour prévenir le premier de ces accidens, on enfonce en terre, tout près de l'arbre, une perche que l'on nomme *tuteur*, et à laquelle on attache la tête du jeune plant, en ayant soin d'interposer une espèce de coussin de foin ou de paille entre l'arbre et le lien. Pour prévenir le second de ces accidens, outre le *tuteur*, on pratique une butte de terre meuble qui coule dans les intervalles vides, à mesure que l'agitation de l'arbre en détermine la formation.

123. On protége encore les arbres les uns par les autres, soit en leur donnant pour abri des massifs déjà anciens, soit en les alignant dans le sens de la direction habituelle du vent.

124. Lorsque les arbres sont fortement enracinés, les orages ne laissent pas que de les tourmenter encore, en cassant les branches et en fendant quelquefois les troncs. Les conséquences immédiates de ces accidens, sont les ulcères (108) et la formation des *chicots*. Le *chicot* est un petit rameau mort que le bois, en se développant, ne tarde pas à emprisonner dans sa substance; on le retrouve lorsqu'on scie le tronc, mais alors il tombe et laisse un trou plus ou moins grand dans la planche. On répare ces accidens, en taillant avec propreté les cassures, et les recouvrant d'onguent de Saint-Fiacre (58[1]).

125. Les ravages de la grêle à l'époque de la maturité des fruits sont irréparables; et l'homme n'a rien encore découvert qui soit susceptible de prévenir ce grand fléau (A 68,7°).

§ IV. *Accidens causés par les animaux.*

126. Les bestiaux tourmentés par les mouches, les cerfs quand ils se dépouillent

de leur *bois*, prennent plaisir à se frotter contre le tronc des arbres, dont ils enlèvent ainsi l'écorce encore tendre.

127. Les chèvres en toutes les saisons, et les lièvres et lapins dans les temps de gelée et de neige, broutent l'écorce des jeunes arbres. Les voitures et les passans font des ravages analogues, aux arbres plantés le long des routes. Pour garantir les troncs de ces accidens, on les entoure de paille ou de buissons; et quand le mal est fait, on le répare en recouvrant les plaies, redressant et éclissant les branches tordues ou éclatées (58[1]).

128. Les *taupes* font aux racines, la guerre que les bestiaux font aux tiges. On a recours, pour les détruire, à des *piéges* que l'on nomme *taupières* (B 55).

129. Les *pucerons* détournent à leur profit les sucs destinés à la nutrition des jeunes organes qu'ils sucent avec leur trompe. Leur présence détermine la naissance de diverses déviations organiques. L'infusion de *tannée*, de *tabac*, la dissolution aqueuse de la suie de cheminée ou de cendre, peut servir à délivrer les arbres de la présence des pucerons. On dit que la fleur de soufre, que la chaux vive et le plâtre bien cuit en poudre et tami-

sée sur les branches préalablement mouillées d'un arbre, sont susceptibles de faire périr les pucerons. Si tous ces moyens de destruction restaient inefficaces, on devrait chercher à écraser, à la main, ces insectes auteurs de si graves ravages.

130. On a souvent rejeté, sur la fourmi, les accidens dont les pucerons sont la seule cause passagère. La fourmi, qui naturellement est très-friande de pucerons, se touve toujours sur les arbres que les pucerons infestent, et se retire avec eux. Les fruits sucrés seuls peuvent tenter la fourmi. Cependant, comme les greniers souterrains qu'elle sait si artistement se construire ne peuvent manquer de nuire à la végétation des arbres, il est utile de les détruire; ce à quoi l'on parvient en pratiquant au-dessous de la fourmilière, des mines dans lesquelles on allume du soufre ou du bois; ou bien en inondant la fourmilière après y avoir introduit de la chaux (B 57).

131. Le *ver blanc* ou *ver du hanneton* est, entre autres larves de scarabées, celui qui déclare une guerre plus mortelle aux racines de la plupart des arbres. On les tue ou on les fait dévorer par les dindes, en retournant profondément le sol. Je pense que l'engrais

de marc d'olive ou de colza, avec lequel on chausserait les racines des arbres, suffirait pour détruire ces larves, en bouchant, par un enduit huileux, les stigmates qui servent à leur respiration.

132. Les *chenilles* s'attachent aux feuilles et aux jeunes pousses ; leurs ravages sont quelquefois si rapides, à cause de leur prodigieuse multiplication, qu'en quelques jours on voit des arbres entièrement dépouillés de leurs feuilles (4). On prévient ce fléau en écrasant leurs œufs, qui sont disposés, ou en paquets feutrés, ou bien par coques isolées, ou comme des espèces de bagues perlées autour d'une tige. Quand les chenilles ont surpris en défaut la prévoyance du cultivateur, on a recours à d'autres moyens pour les détruire : 1° on promène rapidement la flamme le matin sous les paquets de celles qui vivent en société ; 2° on retranche les rameaux sur lesquels elles se groupent, et si ces rameaux ne sont pas à la portée de la main, on les atteint à l'aide de l'*échenilloir* [1] (fig. 5) ; on prévient leur

---

[1] L'*échenilloir* se compose d'un manche A' terminé par une douille, dans laquelle entre, à l'aide d'un pas de vis, l'instrument composé d'une lame fixe A' et d'une lame mobile B, terminée, vers le haut, par un

invasion, en entourant le tronc de l'arbre d'une corde en crin, dont les bouts sortans arrêtent, par leurs piqûres, les chenilles qui s'acheminent vers les branches.

133. Les Pommiers, surtout en Normandie, sont exposés à être ravagés, de la manière la plus désastreuse, par un insecte nouvellement apparu, le *puceron lanigère* (*Aphis mali*). Les sociétés d'agriculture ont proposé en vain des prix à l'inventeur d'un remède contre ce fléau ; le remède est encore à trouver.

134. Les *limaçons* et *limaces* doivent être poursuivis un à un, surtout au printemps; la bave argentée qu'ils laissent derrière eux met suffisamment l'observateur sur leurs traces. L'eau saturée de sel marin est employée utilement pour les faire périr. Dans les pays méridionaux on fait la chasse aux plus gros (*helix pomatia* L.) pour les manger cuits au four, après les avoir fait jeûner pendant une semaine.

marteau C, dont la pesanteur la tient ouverte, et, vers le bas, par une anse E, à laquelle s'attache la corde au moyen de laquelle on rapproche la lame mobile de l'autre. Le manche A peut recevoir, dans d'autres circonstances, ou bien un croissant 80), ou bien une scie D', ou bien l'*ébourgeonnoir* G' (92), ou bien enfin le *portefeu* F.

135. Les animaux dont nous venons de parler sont ceux qu'il importe le plus de détruire ; mais il en existe d'autres qui, sans produire de grands désastres, ne laissent pas que de fixer l'attention de l'agronome, à cause des petits dégâts dont ils peuvent être les auteurs.

136. Les *perce-oreilles* (*polyxenus*, *julus*, etc.), insectes très-allongés et à cent pattes, dévorent, dans leur extrême jeunesse, les feuilles des arbres, et surtout celles du pêcher ; à un âge plus avancé, ils se logent dans les fruits, et surtout dans le raisin. Ces animaux craignent le grand jour ; on profite de cette aversion pour leur tendre des piéges ; on place, près des espaliers, des cornets de papier, des montans de laitues et des petites bottes d'herbes desséchées ; les perce-oreilles s'y réfugient en grand nombre, on les écrase alors tous à la fois.

137. Les *punaises* (*tingis marginata*), parasites des espaliers, recherchent les fruits les plus mûrs, dans lesquels elles font des trous de deux à trois lignes de profondeur ; on les distingue à leur odeur fétide. Elles périssent dès que les nuits et les matinées sont fraîches ; elles redoutent le grand jour et les secousses du vent. Elles se réfugient

entre les murs et les branches, soit tapies sous la surface d'une feuille, soit enfoncées dans les crevasses du crépi de la muraille.

138. Le *tigre* (*tingis punctata*) s'attache spécialement aux feuilles, dont il ronge le parenchyme (4). On fait la guerre à ces deux espèces de punaises, en secouant fortement les branches des arbres, surtout à l'approche d'un orage ou d'une forte pluie, et en crépissant la muraille des espaliers avec de la chaux.

139. Les *sauterelles vertes à couteau* (*locusta viridissima*) doivent être écrasées une à une.

140. La *lisette* (*altica oleracea* B. 74, 99) s'attache avec autant de friandise aux jeunes bourgeons qu'aux feuilles séminales. On en préserve les pêchers qu'elle attaque spécialement, en secouant les branches et l'écrasant par terre.

§ V. *Accidens causés par la présence des lichens et des mousses sur l'écorce des arbres.*

141. Les *mousses* s'attachent rarement aux écorces vertes, elles ne poussent en général que dans les gerçures de l'écorce des troncs âgés. Le danger de leur présence est

alors presque nul, car les racines des mousses ne peuvent s'approprier les sucs destinés à la nutrition des arbres, et les couches les plus épaisses qu'elles formeraient sur leur surface ne priveraient aucunement le végétal de l'action de l'air, que l'écorce vieillie est incapable d'élaborer. Il me semble donc fort inutile de consacrer un temps toujours précieux en agriculture à *émousser* les troncs d'arbres.

142. Quant aux lichens [1], il en est que nos soins les plus minutieux ne parviendraient à enlever qu'au détriment de l'écorce elle-même ; le botaniste seul même est en état d'en deviner la présence. Quant aux autres, qui ne tiennent à l'écorce verte que par un *empâtement* radiculaire, et qui poussent dans les airs leurs expansions plus ou moins larges, on ne saurait disconvenir que leur présence en certain nombre est susceptible de fatiguer le végétal et même de l'é-

[1] Les *mousses* sont des plantes munies de *feuilles* qui, quoique réduites aux plus petites dimensions, sont exactement douées de l'organisation des feuilles des végétaux supérieurs. Les *lichens* sont des expansions membraneuses qui n'ont presque aucune analogie avec les plantes dont nous connaissons et les fleurs et les fruits.

puiser. On les enlève à la main, quand ils poussent à hauteur d'homme, ou au moyen d'un crochet, quand ils naissent plus haut.

143. Ce que nous avons dit des lichens s'applique également aux plantes parasites, telles que le *Gui*.

144. Les *champignons*, surtout les champignons subéreux, indiquent plus qu'ils n'occasionent la maladie ou la mort des surfaces qu'ils envahissent. Il faut couper au vif au-dessous de leur empâtement, et recouvrir d'onguent Saint-Fiacre (58¹).

SECONDE PARTIE.

145. Le *jardin fruitier* est un emplacement contigu à l'habitation, fermé soit par des murs soit par des haies ou palissades, et que l'on consacre presque exclusivement à la culture des arbres à fruit.

146. Le *verger* est un *jardin fruitier* sans clôture et en rase campagne. On désigne encore le *jardin fruitier* et le *verger*, le premier sous le nom de *verger cultivé*, et le second sous celui de *verger agreste*.

147. Quand au mode de culture et aux soins de l'éducation, le *verger* est au *fruitier* ce que le *labourage* est au *jardinage* (B 5).

CHAPITRE PREMIER.

EMPLACEMENT.

148. Dans le choix de l'emplacement du jardin fruitier, on doit avoir égard aux qualités du sol, à l'exposition et à la forme des clôtures.

§ I.   *Qualités du sol.*

149. La culture des arbres fruitiers exige une terre aussi riche que la culture des plantes potagères (B). Si celle que l'on destine à l'emplacement de l'enclos n'est pas telle, on lui restitue, par les amendemens et les engrais (A 15,20), les qualités qui lui manquent.

150. On le défonce à la bêche (A 44) dans toute son étendue, à trois pieds de profondeur; à moins que, par ce défonçage, on ne soit exposé à ramener à la surface du sol une couche impropre à la végétation.

151. A cet effet, par un temps sec (A 46), deux mois avant la plantation, on ouvre une jauge de trois pieds de large sur une longueur arbitraire. On rejette d'un côté la première et la seconde couche, d'un pied d'épaisseur chacune, et de l'autre côté la troisième couche, qui est d'un pied encore. Par une opération inverse, on renverse dans le fond de la jauge la première, qui est la plus superficielle, et la seconde, que l'on recouvre d'un bon lit de fumier de cheval, si la terre est froide (A 10), ou de fumier de vache, si la terre est légère (A 11), et l'on

romble la jauge, avec le troisième pied de
terre que l'on avait tiré du fond, et qui devient par là la couche superficielle du sol.

152. On doit auparavant avoir tracé les
allées de son jardin, non seulement afin de
s'épargner la peine de défoncer des espaces
dont on n'a pas envie de se servir, mais encore afin de transporter aussitôt sur ces portions sacrifiées les pierres et cailloux que
l'on a grand soin de retirer du sol, à mesure
qu'on le défonce.

153. Si le terrain se trouvait composé de
veines de qualités différentes, on devrait
prendre la terre des principales allées pour
améliorer les portions les plus stériles, et
la remplacer par les pierrailles de rebut.

§ II. *Exposition.*

154. Les plateaux élevés ont peu de profondeur, leurs plantations sont très-exposées
aux ravages des vents et des ouragans. Les
lieux bas, enrichis de tout ce que les eaux
y ont amené de la couche superficielle des
coteaux, sont par conséquent les plus fertiles,
pourvu que le sol n'en soit pas froid et humide (116), défaut que ces sortes d'emplacemens possèdent assez souvent.

155. Rien n'est plus favorable aux jardins fruitiers qu'un emplacement à mi-côte.

156. L'exposition au midi est plus avantageuse, si la pente est légère ; celles du levant et du couchant sont préférables, si la pente est rapide (B 13).

157. Dans le midi, l'exposition du couchant est moins hâtive, mais plus fertile que celle du levant ; dans le nord, et surtout à Paris, l'exposition du couchant est sous les deux rapports tout-à-fait défavorable.

158. L'inégalité du terrain, dans l'enceinte d'un même enclos, peut réunir toutes ces expositions différentes ; c'est au jardinier à assigner, à chaque espèce, l'exposition la plus favorable à l'usage qu'on veut en faire.

§ III. *Clôtures.*

159. Le jardin fruitier doit être entouré de murs de dix à douze pieds de hauteur, et faisant face chacun à un des quatre points cardinaux de l'horizon. On a proposé de donner à cette clôture la forme d'une ellipse, afin de mieux concentrer les rayons réfléchis du soleil.

160. Ces murs servent non seulement à protéger les enclos, mais encore à garantir

les arbres contre la force du vent, et à fournir un appui aux espaliers.

Les habitans de Montreuil [1], qui s'adon-
nent, avec un soin particulier, à la culture
des pêchers, divisent exprès leur terrain en
autant d'enclos particuliers qu'ils le peuvent,
afin d'augmenter le nombre de leurs espaliers, en multipliant les surfaces perpendiculaires; les murs sont à cinq ou six toises les
uns des autres.

161. Il faut laisser une large allée de cein-
ture entre les murs et les carrés destinés aux
plantations des arbres fruitiers, afin que les
espaliers et les arbres en plein vent ne se
nuisent pas réciproquement par leur ombrage.

162. Les *espaliers* sont des murs tapissés
avec un certain art par les rameaux des arbres fruitiers. Le *palissage* et la *taille* con-
courent à l'heureuse disposition des espaliers : nous nous en occuperons plus bas.
Nous allons nous restreindre dans ce paragraphe à ce qui concerne les murs eux-mêmes.

[1] Montreuil est un village aux environs de Paris,
dont les habitans, depuis Roger Schabol, qui en a été
pour ainsi dire le panégyriste, sont devenus célèbres à
cause de leur intelligence et de leur infatigable activité.

ARB.   4

(62)

163. Afin de mettre leurs espaliers à l'abri de la pluie, de la neige, des gelées et des faux dégels, météores qui, surtout au printemps, peuvent être nuisibles aux arbres, les habitans de Montreuil ont remplacé le larmier [1] des murailles ordinaires, par une tablette en plâtre de cinq à six pouces de saillie sur deux d'épaisseur, qui est appuyée, de distance en distance, par des fantons ou morceaux de bois de chêne.

164. Outre ces tablettes fixes, ils font encore usage de paillassons mobiles qu'ils étendent depuis février jusqu'en avril, comme un prolongement des tablettes. Ces paillassons sont soutenus par des *rais* ou *rayons* de vieilles roues de carrosse, qui s'enfoncent, par leur gros bout, dans le mur, au-dessous de son chaperon.

165. Ils placent encore d'autres paillassons perpendiculairement, au bas des arbres, à six pouces d'eux, soutenus par des crochets de fer ou des chevilles de bois plantées dans le mur. Ces paillassons sont tissus, non avec de la ficelle (B 49, 51), mais avec trois

---

[1] Le *larmier* est une saillié d'un pouce qui termine le chaperon d'un mur, et qui est destiné à rejeter à une certaine distance les eaux pluviales.

cerceaux droits étendus de chaque côté et parallèlement entre eux, dans le sens de la longueur du paillasson.

166. Sur la surface du mur, on place souvent un treillage, soit en fil de fer, soit en échalas planés qui se croisent à angles aigus. On passe une couleur à l'huile sur l'une et l'autre espèce de treillages, qui du reste sont plus agréables à l'œil qu'indispensables à la culture des arbres. On remplace avec succès ces treillages par des os de pieds de mouton qu'on scelle çà et là dans le mur, en laissant en dehors un pouce de saillie. Ce sont des clous excellens pour le palissage des branches.

CHAPITRE II.

PLANTATIONS DES ARBRES FRUITIERS.

§ I.   *Nomenclature des arbres destinés aux plantations.*

167. Les arbres fruitiers se divisent, sous le rapport du fruit, en *arbres à noyaux* (*Pêcher, Prunier,* etc.), et en *arbres à pepins*

(*Poirier, Pommier* etc.). Ceux-ci se subdivisent en *fruits à couteau*, *fruits à cuire* et *fruits à cidre*.

168. Sous le rapport de la forme naturelle ou artificielle ils, se divisent en *plein-vents* et en *espaliers*.

169. Les *plein-vents* sont ou des *plein-vents proprement dits*, ou des *arbres de vergers*. Les premiers ont, dans le nord, quelquefois besoin d'abris, et sont soumis à une taille légère (*diverses espèces* de *cerisiers* et *d'abricotiers*, etc.). Les seconds, moins délicats, croissent et fructifient dans nos climats, sans le secours d'aucun abri artificiel.

170. Les *plein-vents* sont ou des *Quenouilles*, quand on les taille annuellement dans le but de leur donner une forme conique; ou des *Girandoles*, quand on observe une certaine régularité dans l'arrangement des étages de branches qu'on leur laisse pour déterminer la forme conique ; ou des *éventails* et *buissons*, quand la taille supprime presque tous les bourgeons qui s'éloignent de la direction latérale ; enfin des *vases*, *gobelets* ou *entonnoirs*, quand on cherche à donner à l'ensemble de leurs branches la forme d'un cône renversé.

171. Les *contre-espaliers* sont des espèces

d'*éventails* dirigés comme les *espaliers* autour des carrés de légumes.

172. Les *espaliers* sont les arbres dont on tapisse les murs des *jardins potagers* ou *fruitiers*, et que l'on dirige, par la taille, de manière à forcer leurs habitudes pour en obtenir de beaux fruits.

173. On les forme presque exclusivement avec des arbres qui, à cause de leur taille, se nomment *nains* ou *demi-tiges*.

174. Les *arbres nains* ou *basses tiges* sont ceux que l'on a greffés (54) dans la pépinière (37) ras de terre, et que l'on a rabattus (90), lors de leur transplantation, à quelques centimètres au-dessus de la greffe.

175. Les *demi-tiges* élèvent leur tronc jusqu'à trois ou cinq pieds, avant de pousser des branches.

176. Les *tiges* ont environ sept pieds de tronc. On ne les emploie plus que pour les *plein-vents*.

177. Un *arbre franc de pied* est un arbre non greffé, qu'il ait été obtenu de semis (10), boutures (48), ou marcottes (44).

178. Les *sauvageons* sont des jeunes plants ou des arbres sauvages qu'on transplante des bois dans la pépinière, ou des variétés

d'arbres venus de semis, que l'on destine à la greffe.

179. Un *arbre sur franc* est un arbre greffé sur une espèce ou variété congénère provenue de semis.

180. Un arbre *franc sur franc* est un individu sur lequel on a d'abord greffé une espèce cultivée qui devient le sujet d'une seconde *greffe* opérée avec une autre espèce cultivée. Cette opération a pour but d'améliorer les fruits.

181. A égalité d'espèce, les arbres *francs de pied* doivent être préférés, et, s'ils sont provenus de graines, il est indubitable qu'ils seront toujours plus vigoureux, plus durables et plus élégans que les autres.

§ II.   *Procédés relatifs à la plantation.*

182. Une fois que la terre a été préalablement défoncée et ameublie (151), on ouvre les trous, et on *habille* (28) les plants à l'instant seulement de la plantation. Ces trous doivent avoir un pied de profondeur sur un pied et demi de largeur pour les *espaliers* (172), et des dimensions un peu plus grandes pour les *plein-vents*.

183. La distance entre les trous dépend des dimensions que l'arbre peut atteindre. Comme *espaliers*, les pêchers peuvent être replantés à vingt pieds l'un de l'autre, et les poiriers à dix-huit pieds seulement pour les terrains de première qualité; la distance doit diminuer d'un quart et même de moitié pour les terrains d'une qualité inférieure.

Quant aux *plein-vents*, on plante les *tiges* à vingt pieds de distance pour les terres de première qualité, et les *quenouilles* à neuf pieds.

184. Les arbres destinés aux *espaliers* doivent avoir de un à trois ans de greffe selon les espèces; les *plein-vents* de trois à cinq ans.

185. On plante les *espaliers* de la manière suivante: le trou étant préparé (182), un ouvrier présente l'arbre de manière que les branches à conserver soient dirigées sur les côtés, le collet à huit pouces ou un pied du mur, et la tige inclinée vers ce mur même. Pendant ce temps une autre personne glisse avec la bêche de la terre dans le trou, au-dessous des racines, pour les tenir à la hauteur convenable, et elle achève de remplir le trou. On agite la tige sept à huit fois en sens divers, pour que la terre s'insinue dans tous les vides du système radiculaire. On

plombe (40) la surface, en ayant soin de ne pas déranger la direction inclinée du plant, et de ne jamais recouvrir de terre la partie où le sujet est soudé à la greffe.

186. La plantation des *plein-vents* ne diffère de celle des *espaliers* qu'en ce qu'on tient la tige verticale, et qu'on plombe plus fortement le sol, parce que la tige aura à lutter contre les vents et les orages sans abris et sans appuis.

187. La première année les jeunes plants exigent d'autant plus de soins et de surveillance, qu'ils ont été soumis à de grandes privations et à une espèce de torture (78). On a soin de répandre un peu de litière à leur pied, d'arracher les mauvaises herbes à mesure qu'elles se présentent, d'arroser le sol pendant la sécheresse, de les garantir des rayons trop ardens du soleil qui dessécheraient leur écorce, alors que les racines mutilées sont encore incapables de leur transmettre une séve conservatrice; enfin de faire une chasse active aux insectes et aux animaux dévastateurs (126).

CHAPITRE III.

DE LA TAILLE DES ARBRES FRUITIERS.

§ I. *Nomenclature des organes à tailler.*

BRANCHES.

188. Les *branches mères* ou *branches du premier ordre* sont celles qui forment la première charpente de l'arbre. Leur nombre varie selon la forme qu'on veut donner à l'individu; on les appelle encore *branches tirantes*.

189. Les *branches du deuxième ordre* naissent des *branches mères*, et donnent elles-mêmes naissance aux *branches du troisième ordre*, et celles-ci *aux branches du quatrième ordre*, et ainsi de suite; elles sont ou *montantes* ou *descendantes*.

190. Sous le rapport du produit, les branches sont ou BRANCHES A BOIS OU BRANCHES A FRUIT.

191. Les BRANCHES A BOIS sont ou *branches à faux bois* ou *branches gourmandes*.

192. On a donné improprement le nom de *faux bois* aux branches qui proviennent, non du développement d'un œil (3), mais

directement des petites tumeurs de l'écorce, auxquelles Roger Schabol a donné le nom de bourgeons adventifs. Ces sortes de branches sont vigoureuses, bien nourries et gourmandes, et ne portent que bien tard du fruit.

193. Les *branches gourmandes* se divisent en *gourmands naturels, gourmands sauvageons,* et *gourmands artificiels.* Les *naturels* sont le produit des yeux (69) de la greffe ; les *sauvageons* sont ceux qui naissent sur le sujet (54), lorsque la greffe ne prend pas un développement convenable. Les *gourmands artificiels* apparaissent lorsqu'on retranche ou rabat des vieilles branches surannées.

194. On reconnaît les *branches gourmandes* aux caractères suivans : elles sortent de l'écorce des arbres (2); leur base forme un empâtement bien plus fort que les autres branches; elles dépassent celles-ci en longueur et en grosseur, et parviennent à des dimensions considérables (on en a vu de dix pieds sur deux pouces et demi de diamètre à leur base); elles croissent rapidement; leurs yeux sont plus petits et moins rapprochés que ceux des autres branches du même arbre; leur écorce est belle et luisante.

195. Les BRANCHES A FRUITS sont ou des

'ambourdes, ou des *branches chiffonnes*, ou des *brindilles*, ou des *bourses*.

196. Les *lambourdes* sont des branches maigres et élancées, ayant des yeux gros, bruns et rapprochés; elles se dirigent obliquement, atteignent de six pouces à un pied, selon les espèces; leur écorce est d'un beau vert de mer; ce sont les branches les plus fécondes.

197. Les *branches folles ou chiffonnes*, aussi longues mais proportionnellement beaucoup plus minces que les précédentes (elles dépassent rarement les dimensions d'un brin de balai), promettent autant de fruit qu'elles, mais ne l'amènent pas à maturité.

198. Les *brindilles* sont des branches petites et trapues (trois pouces de long environ); elles croissent sur le devant en forme de dards, et portent, au milieu d'un bouquet de feuilles, un ou plusieurs gros boutons d'où doivent sortir les fruits les plus beaux et les plus savoureux.

199. Les *bourses*, ainsi dénommées à cause de leur forme large du bas et étroite du haut, ou bien à cause des trésors qu'elles renferment, sont, chez les poiriers et les pommiers, les branches les plus riches en

fruit. Elles commencent par des simples, boutons à fleurs ; elles ne tardent pas à former au bout des branches à fruit, ou sur le tronc même, une espèce de loupe charnue que le couteau entame comme la chair d'une pomme, et dans laquelle on ne distingue aucune fibre. La petite branche augmente insensiblement chaque année ; elle se ride en anneaux, et produit sans cesse à son extrémité un nouveau bouton à fruit, qui ne produit qu'au bout de la deuxième année.

200. On appelle *branche de réserve* une branche qui se trouve placée entre deux branches à fruit, et que l'on taille court, pour qu'elle fournisse l'année suivante à la place des deux autres.

BOUTONS (*yeux*, *bourgeons*, *gemmæ* 3).

201. De même que les branches, on distingue les *boutons* en *boutons à bois* et *boutons à fruit*.

202. Les *boutons à bois* sont des *yeux* qu'accompagne toujours une feuille ; par eux-mêmes ils ne produisent jamais de fruits, mais seulement des branches qui, bien conduites, sont susceptibles d'en donner par la suite.

203. Les *boutons à fleurs* ou *à fruits* sont des *yeux* plus gros et mieux nourris que les *boutons à bois*. Ils sont accompagnés de plusieurs feuilles placées sur le côté, et de plusieurs groupes de fleurs, dans les *fruits à pepins;* ils n'ont qu'une ou deux feuilles latérales, et assez communément une fleur ou deux ensemble dans les *fruits à noyau*. On remarque à leur base des petits plis ou rides qui se multiplient à mesure que le bourgeon jaunit. Ces boutons restent trois ans à se former dans les poiriers et les pommiers.

204. Les *sous-yeux* sont des boutons supplémentaires qui paraissent rarement, et qui ne se développent que dans le cas où leurs aînés ont failli, soit par avortement, soit par accidens. Ils ne produisent ordinairement que des branches chiffonnes, grêles et maigres, lorsqu'ils se développent à la fin de l'été. On en obtient des branches plus heureuses, en les forçant de pousser dès le printemps.

§° II. *Procédés de la taille des arbres fruitiers.*

205. *Beaucoup de gens coupent,* disait la Quintinye, *mais peu de gens savent tailler.* Il est vrai que de son temps la taille avait

des complications que l'expérience a faiti disparaître.

206. Il est un principe qui s'applique à toutes les espèces de taille; c'est de ne jamais conserver à l'arbre le canal direct de la séve, de supprimer les branches *verticales* ou *perpendiculaires*, c'est-à-dire celles qui semblent vouloir prolonger la tige principale, ou qui se dirigent perpendiculairement vers les cieux (81). La *flèche*, qui est la continuation de la tige, absorberait, pour son accroissement ligneux, tous les sucs que la taille cherche à détourner au profit des *boutons à fruit* (79).

207. L'opération de la taille se pratique du 15 janvier jusqu'en avril. On commence par les Poiriers et Pommiers, on finit par les Pêchers et Abricotiers; et en général, plus un arbre est faible et délicat, plus on le taille tard.

208. Un arbre non taillé est plus hâtif et donne plus de fruits. La taille n'a d'autre but que de remplacer la quantité et la précocité par la qualité.

TAILLE DES PLEIN-VENTS (169), fig. 9.

209. C'est la plus simple de toutes. On coupe la tête à deux ou trois *yeux* (83) au-

dessus de la greffe, c'est-à-dire environ à six pieds au-dessus du sol. Les *yeux* placés au-dessous de la taille ne manquent pas de pousser, dès la même année, un certain nombre de rameaux. On en prend parmi les extrêmes trois ou quatre pour en faire des *branches mères* (188). On taille à leur tour celles-ci à l'époque convenable (207), de deux à six yeux, selon leur vigueur, mais sur des *yeux en dehors* (86). A l'époque de l'é-bourgeonnage (92), on retranche les bourgeons intérieurs; on abandonne les autres à leur développement spontané jusqu'à la taille suivante, qui doit être la dernière. Elle a pour but de ne laisser que les branches indispensables à la beauté de l'individu. Les années suivantes on n'a plus qu'à *évider* l'arbre, c'est-à-dire à le débarrasser des bourgeons qui tendraient à prendre une direction verticale (206).

PYRAMIDES OU QUENOUILLES (170), fig. 10.

210. Les quenouilles sont greffées près de terre; on rabat la tige à cinq à six pouces au-dessus du quatrième œil. Ces trois ou quatre yeux servent à former les branches du bas. Chaque année on arrête la tige principale à

un pied ou à un pied et demi, quand elle a atteint cette nouvelle dimension, afin de donner plus de vigueur aux bourgeons latéraux et alternes qui chaque année forment un étage de branches horizontales. A l'époque de la taille, on *rabat* (90) toutes ces branches, suivant les proportions que l'on veut imprimer à l'arbre, mais en général à dix lignes au-dessus du bouton. L'automne suivant on supprime l'*onglet*[1] qui, dans cette circonstance, était destiné à forcer le bouton à se développer horizontalement. Comme les branches inférieures ont un an de plus que les suivantes, l'arbre prend nécessairement la forme qu'on a désignée par les mots de *pyramide* ou de *quenouille*.

211. En taillant sans précaution et trop près des bourgeons voisins les uns des autres, on est exposé à produire une monstruosité que l'on a nommée *tête de Saule*, parce que les bourlets qui se forment alors, à l'empâtement des bourgeons, finissent par occasionner une espèce de tête d'où s'élancent des rameaux analogues aux *plançons* de Saule.

[1] Un *onglet* est la portion qui se trouve au-dessus du dernier œil. S'il est trop long il meurt et forme un *argot*. Trop court il ferait *éventer* l'œil. L'*argot* est un *chicot* terminal (124).

TAILLE DES BUISSONS.

212. Elle consiste à laisser prendre à l'arbre nain (173) sa forme naturelle, à ne tailler que pour mettre l'arbre à fruit. On l'emploie spécialement à l'égard des Pommiers, dont on forme des carrés que l'on nomme NORMANDIE.

ESPALIERS (172[1]).

213. Nous distinguerons trois sortes principales d'*espaliers* : le *montreuil*, l'*éventail* et la *palmette*. L'*espalier* comprend deux opérations qui marchent de front : le *palissage* et la *taille*.

214. Le *palissage* est l'action par laquelle on fixe avec art contre le mur ou contre le treillage les branches réservées d'un arbre. On se servait exclusivement à cet effet de liens de jonc ou d'osier. Mais depuis que Roger Schabol a révélé les heureux procédés des Montreuillois, on a senti la supériorité du *palissage à la loque*.

215. Par *loque* on entend un morceau d'étoffe avec lequel on embrasse une branche et que l'on fixe par les deux bouts contre le mur au moyen de clous. Ce palissage, moins élégant que l'ancien, blesse moins, et abrite davantage les surfaces qu'il intéresse. L'absence

du treillage fait que les branches reçoivent plus immédiatement la chaleur que réfléchit le mur.

TAILLE EN V, OU A LA MONTREUIL.

1re *Année,*
ou année de la plantation (185).

216. Les quatre ou cinq yeux réservés au-dessus de la greffe poussent communé-ment chacun leurs bourgeons. Pour enlever les bourgeons mal placés, il vaut mieux attendre qu'ils se soient développés, et attendre la fin de la séve du printemps, afin qu'ils servent jusqu'alors à attirer la séve (85¹), et qu'ils puissent remplacer les bourgeons préférés mais qui ne se développeraient pas. On nomme cette précaution *ébourgeonnage,* ou *ébourgeonnement à œil poussant;* l'opéra-tion contraire (94) se nomme *ébourgeonnage à œil dormant* (70). On palisse en juin ou juil-let les branches qu'on a intention de réser-ver.

2e *Année, ou première taille.*

217. On *dépalisse* en détachant les clous qui fixaient les *loques.* On fait choix, parmi les bourgeons développés, de deux *branches*

t *mères* (188) disposées latéralement au-dessus de la greffe, et parallèlement au mur, assez rapprochées par leur base, et auxquelles on puisse donner ou tout de suite, ou peu à peu, une direction telle, qu'il en résulte un V ouvert de 90 degrés, ou, en d'autres termes, que chaque *branche mère* fasse, avec la ligne imaginaire qui continue la tige, un angle de 45 degrés. Ce choix une fois déterminé, on enlève tous les autres bourgeons. Cette opération doit avoir lieu par un temps doux et à quelques degrés au-dessus de zéro. On *rabat* (90) la tige immédiatement au-dessus de celles des deux *branches mères* qui est supérieure à l'autre, et ras de cette branche.

218. On taille ensuite les deux *branches mères* au-dessus du sixième œil, si l'individu a poussé vigoureusement, et dans le cas contraire, au-dessus du quatrième. Si l'une des deux était plus faible que l'autre, on donnerait au plus faible une direction perpendiculaire, et au plus fort une direction horizontale. De cette manière l'équilibre ne tarderait pas à se rétablir. Si l'on n'a pas besoin de recourir à ce procédé, on fixe les deux branches contre le mur (215), à l'angle de 45 degrés chacune (217).

219. A la fin de la séve du printemps on s'*ébourgeonne* (216). On retranche les bourgeons (217) placés sur les surfaces postérieures et antérieures de la branche, ainsi que les bourgeons latéraux qui se dirigent verticalement, ou qui se pressent trop les uns contre les autres. On conserve les bourgeons latéraux qui ont cru aux extrémités des deux branches mères; et dans le cas où les inférieurs seraient plus robustes qu'eux, on *ravalerait* (90) la branche sur ceux-ci.

220. On palisse de nouveau les *branches mères* ou *ailes* de l'arbre, et successivement les rameaux qui en partent, en ayant soin de commencer toujours par le bas, et de ne jamais donner à la branche du second ordre une direction telle, qu'il en résulte un angle de plus de 45°. De cette manière, les branches placées à l'extérieur du V ont une direction horizontale, et celles de l'intérieur une direction verticale, ce qui a lieu sans inconvénient (206), puisqu'elles ne sont pas la continuation du canal direct de la séve, et que, toutes verticales qu'elles sont, leur position sur la branche qui leur donne naissance est oblique. Les branches verticales se nomment *branches ascendantes* ou *montantes*, et les horizontales *branches descendantes*.

On dit aussi *membres montans* et *descendans.*

221. Après ce *palissage* on donne un léger labour aux arbres.

3ᵉ *Année, ou deuxième taille.*

222. Immédiatement après la taille et le palissage de l'hiver précédent, l'arbre avait dix à douze nouvelles branches du second ordre. A la même époque de l'année qui suit, on dépalisse de nouveau, et l'on s'occupe de continuer l'application des principes de la taille, que nous venons d'exposer.

223. On choisit parmi les quatre *membres montans* de l'intérieur (220) de chaque aile du V, les deux qui paraissent occuper la position la plus convenable, et on les taille au-dessus du cinquième œil (83); on choisit de la même manière, à l'extérieur du V, deux *membres descendans* qu'on arrête sur le troisième œil.

224. On ne taille qu'au-dessus du sixième ou du septième œil les bourgeons placés vers l'extremité des deux *branches mères* (188).

225. Si l'une des deux *ailes* était plus vigoureuse que l'autre, il serait urgent d'allonger (88) la taille de l'aile vigoureuse, et de

décharger (89) l'aile faible ; et si l'accroissement de l'une menaçait d'avoir lieu au
détriment de l'autre, on tiendrait horizontalement la branche trop vigoureuse, et
verticalement (220) la branche faible. Enfin,
dans l'insuffisance de ces moyens, on devrait découvrir les racines de l'arbre l'automne suivant, et couper quelques-unes
de celles qui aboutissent au côté trop vigoureux ; on chausserait les racines du côté
contraire avec une terre neuve et substantielle.

226. La symétrie est exposée, les premières années, à être dérangée par le grand
nombre de *gourmands* (193) qui poussent
des *branches* des deux ailes. Il s'agit alors,
non de couper, mais de diriger habilement
ces gourmands, pour les contraindre à fournir des branches à bois et à fruit. S'ils paraissent propres à remplacer une des branches mères, on coupe celle-ci, et l'on taille
long (88) (quelquefois de trois à quatre
pieds) le gourmand, afin que le vide laissé
par la supression d'une *branche mère* soit
plus vite rempli.

227. Si ce gourmand était nuisible, on
le supprimerait sans risque ; ou, à l'époque de
toute sa vigueur et lorsque la séve est prête

à descendre, on pratiquerait une *incision an-nulaire* (99) à sa base. Il se formerait aussitôt un bourrelet, au-dessus duquel on pourrait couper impunément le *gourmand* en automne.

228. Pendant le cours de ces premières années, la taille n'a pour but que de diriger le développement de la tige et des branches à bois, et de s'opposer à ce que l'arbre ne s'épuise par une fécondité précoce. L'*ébourgeonnage* doit enlever non seulement les boutons superflus, ou qui dérangeraient la symétrie, mais encore les *boutons à fruit*.

229. Par la même raison, si l'arbre était chétif et lent à croître, si l'on remarquait, sur les ailes, des bourgeons atteints de jaunisse, on rabattrait (90) les membres tirans sur les yeux de meilleure qualité ; ou, si ceux-ci se trouvaient à l'extrémité des branches, on supprimerait les inférieurs, et l'on taillerait enfin les branches du second ordre au-dessus du deuxième ou troisième œil.

230. A Montreuil, quel que soit le nombre des bourgeons qui ont été laissés sur la *branche mère*, on n'en réserve que deux sur chacune d'elles ; l'un montant, servant de prolongement à la branche que l'on taille sur le deuxième ou le troisième œil ; l'autre

formant un membre inférieur, et qui sera plus ou moins court, selon sa vigueur ou sa faiblesse. Ce mode de tailler est préférable au premier ; et c'est à celui-ci, qu'il est nécessaire d'appliquer tout ce que nous allons continuer de dire.

231. C'est à cette époque que le *palissage* (214) doit se faire avec le plus de régularité, crainte que les branches, en devenant ligneuses, ne cessent de se prêter par la suite à la direction qu'on chercherait à leur donner.

Troisième taille et suivantes,
ou 4e *Année*
et suivantes de la plantation.

232. La quatrième année, on taille, sur trois bons *yeux*, le bourgeon secondaire montant, qui est destiné à continuer la branche mère, et, sur deux *yeux*, le membre inférieur ; dès l'été suivant, on donne à ces deux branches une direction favorable au développement symétrique des bourgeons d'un ordre supérieur. L'année suivante on cherche à obtenir un second membre descendant (220). On doit laisser dix-huit pouces de distance entre chacune des bran-

ches montantes ou descendantes, et leur donner une direction parallèle entre elles.

233. Quoique par cette taille on soit parvenu à imprimer à la séve une direction oblique, et que par là on ait arrêté le développement excessif de la tige et des branches verticales, il n'en arrive pas moins que les branches montantes secondaires finissent presque toujours par acquérir des dimensions supérieures aux branches inférieures. Pour rétablir l'équilibre, on n'aurait qu'à tailler court les branches montantes et allonger les branches descendantes.

234. Cette taille convient presque exclusivement aux pêchers; nous renverrons, pour certaines autres précautions plus détaillées, à l'article même du pêcher. Mais nous devons dès à présent, rendre sensible, par les figures 7 A B, etc., les explications dans lesquelles nous venons d'entrer.

A. Tige rabattue immédiatement après la plantation au-dessus du cinquième œil (a), pour supprimer le canal direct de la séve.

B Parmi les cinq boutons ($a\,a$) qui se sont développés, on a choisi, la seconde année, les deux plus beaux; l'on a taillé les inférieurs, et l'on a rabattu la tige au-dessus des deux réservés. Il reste alors deux *bran-*

ches mères ouvertes de 90 degrés, et formant un V implanté sur une tige.

C. Produit de la taille de la troisième année de plantation ; on n'a laissé, sur chacune des branches mères (*a a*), que deux bourgeons ou rameaux, l'un montant et vertical (*b b*), et l'autre descendant et horizontal (*c c*).

D. Produit de la taille de la quatrième année. On a admis, sur chacune des deux branches mères, deux nouvelles branches secondaires, montantes (*d d*) et descendantes (*e e*).

Aux années suivantes, on dirige les branches tertiaires, quaternaires, etc., de manière que, les distances étant observées avec symétrie, toutes les lacunes finissent par être garnies ; alors on permet à l'arbre de porter du fruit.

ÉVENTAIL.

235. Cette taille, qui s'applique également très-bien au Pêcher, diffère de la taille à la Montreuil, en ce qu'au lieu de ne laisser que deux branches mères, on en adopte quatre ou cinq, dont les inférieures soient graduellement abaissées, de manière qu'à leur troisième

ou quatrième année elles soientdans une position à peu près horizontale.

PALMETTE, OU TAILLE A LA FORSYTH.

236. Elle consiste principalement en ce
que toutes les branches latérales soient dirigées à droite et à gauche horizontalement.
On y parvient de deux manières :

237. Ou bien on ne supprime jamais le
canal direct de la séve, et on prend, à droite
et à gauche de la tige qui se continue verticalement, des bourgeons également espacés, qui fournissent les branches latérales;

238. Ou bien, et c'est la méthode qui
s'accorde mieux avec les véritables principes de la taille des arbres fruitiers (206),
on rabat la tige greffée près de terre au-dessus de trois yeux; les inférieurs forment les
bras horizontaux, et le troisième ou supérieur sert à continuer la tige. L'année suivante on rabat ce troisième de la même manière que la tige; et chaque année on répète
cette opération sur tous les bourgeons verticaux, en sorte qu'au bout de quelques années on dirait que la tige n'a jamais cessé de
continuer sa direction verticale (fig. 8).

CONTRE-ESPALIERS.

239. Si le palissage des tailles précédentes se fait non contre un mur, mais contre un treillage séparé du mur et disposé en face des espaliers, et dans une disposition alterne avec eux, les arbres sont des *contre-espaliers;* quelques arbres se passent même de treillage. Les *contre-espaliers* ne s'élèvent pas à plus de quatre pieds; c'est pourquoi on les espace davantage, afin qu'ils gagnent en largeur ce qu'ils perdent en hauteur. Sans cette précaution, on s'exposerait, à force de raccourcir, à avoir tous les ans de nouvelles *branches à bois* et très-peu de *branches à fruit* (190).

240. Nous venons de décrire les tailles les plus favorables à l'amélioration des fruits. Il existe beaucoup d'autres méthodes sur lesquelles il est inutile de s'arrêter; car, avec ces premiers principes, chacun pourra varier ses procédés de la manière la plus conforme à ses localités ou à ses goûts particuliers.

CHAPITRE IV.

FRUCTIFICATION ET CUEILLETTE.

241. La taille avait pour unique but d'obtenir de beaux fruits; dans cette opération le jardinier sacrifie la quantité à la qualité. Ses soins ne se bornent pas là; il doit veiller sur le fruit jusqu'à la maturité même.

242. Il en supprime sur les bouquets trop nombreux, afin que tous les sucs passent au profit de ceux qu'il réserve.

243. Il les garantit du hâle, des insectes ou de l'approche des oiseaux; et il les cueille à leur parfaite maturité, pour les consommer ou les conserver ensuite, en les plaçant dans les circonstances les plus favorables.

§ I.   *Maturité des fruits.*

244. En général un fruit n'est pas mûr, tant qu'il possède sur toute sa surface une couleur verte et herbacée et sans mélange d'aucune autre nuance, qu'il conserve une fermeté incompatible avec l'idée qu'on a de

sa saveur. Le fruit est alors âpre ou acide ; son usage est nuisible à la santé.

245. Mais dès que les sucs acides et verdâtres, par une élaboration mystérieuse de la nature, se sont métamorphosés en sucs sucrés et d'une couleur jaune, blanche, ou rougeâtre, que la surface cède sous le doigt, qu'il s'en exhale une odeur suave, le fruit est arrivé alors à sa maturité.

246. Si on le laisse plus long-temps sur l'arbre, le mouvement intestin continue, le fruit s'amollit et devient *blet*. Il est des espèces dont on ne mange les fruits qu'à cet état ; telles sont les nèfles et certaines poires.

247. MM. Dalbret et Jaume Saint-Hilaire ont fait connaître dans ces derniers temps, un procédé bien simple pour obtenir de beaux fruits. C'est de soutenir, par une planchette ou par tout autre support, le fruit qui, en pendant de la branche, fatiguerait le pédoncule par son propre poids. Il est très-probable encore, ce que ces Messieurs n'ont pas prévu, que la chaleur réfléchie sur le fruit par la surface du support est la cause immédiate de l'amélioration et de l'accroissement insolite du fruit.

248. Il est des fruits que l'on *gaule*, c'est-à-dire que l'on abat avec une perche : ce sont

les fruits dont on mange la *graine* renfermée dans un péricarpe plus ou moins ligneux (*Châtaignes*, *Noix et Noisettes*); il en est d'autres que l'on *cueille:* ce sont les fruits dont on mange le *péricarpe charnu* ou le *brou* et trop délicats pour résister aux accidens de la chute (*Pêches, Poires et Pommes à couteau*) (167).

249. Lorsque ces derniers fruits ne sont pas à hauteur d'homme, la *cueillette* s'opère au moyen d'un *cueilloir* (fig. 6), espèce de *cornet à volant* placé au bout d'un long manche. Le fruit se niche dans l'intérieur du cornet, le pédoncule se glisse entre les lames qui le forment, et, par un léger tour de main, on le détache du rameau.

§ II.   *Conservation des fruits.*

250. Certains fruits doivent être consommés aussitôt après la *cueillette.* Tels sont les fruits d'été, les Figues, les fruits à noyaux, quelques Prunes, etc.

251. D'autres sont susceptibles d'être conservés plus long-temps, pourvu qu'on prenne à leur égard les précautions convenables.

252. Les fruits que l'on *gaule* se conservent dans des sacs, que l'on tient à l'abri de la gelée et de l'humidité.

253. Les fruits que l'on *cueille* réclament
d'autres soins. Le lieu dans lequel on les
dépose se nomme la *fruiterie.*

254. Avant de les y arranger avec ordre,
quelques personnes les font *suer* huit jours
en les réunissant en tas. Le mot *suer* désigne
une espèce de fermentation qui complète
la maturité des fruits. Cette précaution est
justement réprouvée par d'autres. Elle est
même contraire à un principe généralement
admis pour la conservation du fruit, et qui
consiste à cueillir le fruit à conserver, par
un temps sec et doux.

255. On les prend à cet effet un à un pour
les essuyer avec un morceau de serge ; et on
les pose isolément et sans contact sur des
tablettes, quand on peut en faire les frais,
ou sur de la paille, dont on a recouvert le
plancher, ou bien enfin dans les tiroirs d'une
commode ou d'une armoire. Il est des fruits
qui gagnent beaucoup à être suspendus par
une ficelle aux poutres des lambris ; c'est
ainsi qu'on conserve le raisin dans la Provence. On en forme des paquets doubles en
plaçant chaque raisin à califourchon sur une
des deux anses d'une ficelle liée par ses deux
bouts ; et quand les deux paquets sont égaux,
on suspend la double ficelle à un clou, en

faisant descendre un des paquets au-dessous de l'autre. Ces deux paquets réunis se nomment *un yamé dé rasïn*. Le raisin se conserve admirablement ainsi pour la consommation de l'hiver.

256. Quant aux autres fruits, on les couvre de paille ou de regain, ou on les plonge dans du son, à l'approche du froid et des gelées; mais on a soin auparavant de ne tenir les fenêtres de la fruiterie ouvertes que pendant les premiers jours de la cueillette, s'il fait beau et sec, de les tenir fermées ensuite, à moins que le temps ne soit très-beau, et cela pendant les plus belles heures de la journée. On visite souvent les fruits, pour enlever ceux qui commencent à se gâter.

257. Les précautions à employer à l'égard des fruits qu'on veut transporter à des distances éloignées, sont toutes mécaniques, et n'ont d'autre but que d'empêcher les meurtrissures. A cet effet on sépare les fruits avec de la mousse ou de la paille; et on les range proprement dans des mannequins ou dans des caisses. Les plus délicats, tels que les *Oranges* et *Citrons*, s'expédient enveloppés en outre chacun dans un carré d'un *papier*

gris collé, qui les isole de tout contact nuisible et contagieux.

CHAPITRE V.

CULTURE SPÉCIALE A CHAQUE ARBRE FRUITIER.

258. Dans la PREMIÈRE PARTIE de cet ouvrage, nous avons développé des principes applicables à la plantation et à l'éducation de tous les arbres et arbustes en général. Dans les quatre premiers chapitres de la DEUXIÈME PARTIE, nous avons restreint le sujet dans ses applications à la culture des arbres fruitiers. Dans ce chapitre nous allons spécialiser ou plutôt résumer nos principes, en les appliquant à chaque arbre fruitier en particulier. Nous diviserons ce chapitre en trois paragraphes, l'un relatif aux *fruits à noyaux*, l'autre aux *fruits à pepins* (167), et l'autre, aux *fruits à amandes*.

259. Dans les *fruits à noyaux* et à *pepins* on mange la partie charnue du péricarpe. Dans les *fruits à amandes* on ne mange que

la graine. Les *fruits à noyaux* diffèrent des *fruits à pepins* en ce que dans les premiers la graine est enfermée dans une boîte ligneuse, qui est la portion ligneuse du *péricarpe* dont elle se sépare aisément, et que dans les seconds les graines sont enfermées dans des loges tapissées d'une substance plus ou moins coriace, isolées les unes des autres au milieu d'un péricarpe charnu ou succulent. L'*Amande* est un noyau sans *péricarpe charnu* ou muni d'un péricarpe herbacé et caduc. La *Pêche* est un *fruit à noyau*, la Poire un *fruit à pepins*, la Noix un *fruit à amande*.

260. Nous rangerons les espèces de chaque paragraphe d'après le rang qu'elles occupent dans l'estime des consommateurs.

§ I. *Fruits à noyaux.*

PÊCHER (*Amygdalus persica* Linnée;
Persica vulgaris Tournef.).

261. Ainsi que le Melon (B 268), le Pêcher ne développe ses belles qualités dans le nord de la France qu'à l'aide d'artifices ingénieux, délicats et de soins assidus; tandis que dans les provinces méridionales, presque sans

culture, il produit des fruits exquis et en grand nombre. Là, en effet, il suffit d'enfouir dans une vigne le noyau d'une Pêche d'un certain prix, pour en obtenir un *plein-vent* qui, pendant douze ou quinze ans, n'exige de la part du laboureur que l'attention d'en cueillir les fruits délicieux à mesure qu'ils mûrissent.

262. Dans le nord au contraire, les pêchers vivent plus long-temps [1], grâce à la taille qui les rajeunit pour ainsi dire; mais leur culture est à elle seule un art assez compliqué; et malgré tant de soins, leurs fruits, si parfaits qu'ils nous paraissent, restent encore bien au-dessous des Pêches presque incultes du midi.

263. On plante le Pêcher en *espalier* (172) *contre-espalier* (171) et *plein-vent* (169).

264. Les *pleins-vents* et *contre-espaliers* l'emportent sur les *espaliers* par la saveur juteuse de leurs fruits; les Pêches des espaliers sont d'un coloris plus brillant. Mais, sous les deux premières formes, le Pêcher résiste difficilement, dans ces climats, aux effets de la gelée, de l'humidité et des grands vents qui, en fatiguant les fleurs, font avorter

[1] De Combles en cite qui à l'âge de quarante ans lui rapportaient encore de beaux et bons fruits.

les fruits. On pourrait prévenir ces accidens en abritant ces arbres avec des paillassons, depuis février jusqu'à la mi-avril.

265. Les Pêches des *espaliers* sont velues et comme cotonneuses ; on leur enlève ce duvet avec la brosse, pour rendre à leur peau son éclat purpurin. Celles des *pleins-vents* ont leur surface lisse, même à espèce égale.

266. La Quintinye avait imaginé, pour donner aux Pêches de ses espaliers la saveur des pleins-vents, de détacher du mur plusieurs branches qu'il tirait en devant, et qu'il soutenait avec des échalas, après les avoir effeuillées. Lorsque les Pêches de ces branches étaient sur le point de mûrir, il les palisssait avec précaution ; et dans cette nouvelle position, elles prenaient couleur comme les autres qui n'ont pas cessé de recevoir la réverbération du mur.

267. Le Pêcher se greffe à *œil dormant* (70), sur sauvageon (178), provenant d'une bouture (48), d'une marcotte (44) ou d'un noyau. Les *sujets* (54) qui lui conviennent le plus sont : l'Amandier, le Prunier, l'Abricotier et le Pêcher lui-même, venu ou d'un noyau ou d'une greffe. Quelle que soit la qualité du sol, l'Amandier est le sujet sur le-

quel la greffe réussit le mieux ; le Prunier est trop sujet à la gomme (109).

268. A cet effet on *stratifie* (12) des Amandes sur la fin de l'hiver ; dès que le germe se montre, on les plante à trois pouces de profondeur et à trois pieds de distance dans une pépinière dont le sol soit maigre et léger (A 11). A l'âge d'un an, on greffe le sauvageon (178), si toutefois le sujet n'est pas trop grêle ; et on peut le transplanter en octobre de l'année suivante, ou tout au plus en mars de la troisième année.

269. Le Pêcher se plaît dans une terre ni trop forte ni trop légère (A 10, 11). On la rend telle au moyen des *amendemens* (A 15). Roger Schabol, pour paralyser les effets de l'humidité des terres grasses, recommandait les procédés suivans : il rangeait au fond de la jauge un lit de gazon dont il plaçait l'herbe en dessous ; il recouvrait ce lit de plâtras ou de *charrée* (A 18, 3°), et comblait la jauge avec la bonne terre. Le gazon n'est consommé qu'au bout de dix ou quinze ans, et pendant ce laps de temps il joue le double rôle d'une espèce d'éponge et d'un *engrais naturel* (A 22, 1°).

270. Si la terre végétale avait peu de profondeur, on formerait autour de l'espalier une espèce de terrasse de deux pieds de hau-

teur, au moyen de terres apportées et soutenues par un petit mur ou un talus de gazon. En donnant six pieds de largeur à cette terrasse, on peut s'en servir comme d'un *ados* ou *costière* (B 13), pour la culture des *primeurs* (B 60).

271. Les habitans de Montreuil ne fument leurs Pêchers qu'à un certain âge, et dès lors tous les trois ans. Cette opération se fait à *jauge vive* (39); on enlève la terre en ménageant les racines, et en creusant au-dessous d'elles avec la main ou la houlette, crainte de les blesser avec la bêche ou la pioche. On coule la terre superficielle dans le fond et dans les cavités que laissent les racines entre elles. Sur ce premier lit on étend un mélange de fumier bien consommé et de bonne terre avec laquelle on comble la jauge. Enfin on lie les molécules par un bon arrosage.

272. Lorsque les arbres sont encore jeunes, le fumier, dit-on, ne peut que leur être nuisible. Cependant Roger Schabol avait vérifié qu'un tiers de poudrette, ou de fumier bien consommé de cheval ou de mulet, était profitable aux jeunes mêmes. Cette dissidence ne provient que de la différence du terrain sur lequel les partisans de l'une ou de l'autre opinion ont fait leurs observations.

273. Tout ce que nous avons dit des branches gourmandes (193), des lambourdes (196), des brindilles (198), des branches chiffonnes (197), de la plantation et de la taille en V (216), s'applique spécialement à la conduite du Pêcher en espalier.

274. Pour cultiver, les premières années, les espaces qui séparent les jeunes espaliers (183), quelques personnes sont dans l'habitude de planter entre chaque petit arbre un cep de vigne qu'ils *allongent* de telle manière que les cordons se dirigent seulement sous la tablette du chaperon (169). De cette manière leur accroissement ne peut gêner la distribution des branches du Pêcher qu'à une époque assez éloignée; et alors on arrache la vigne, ce qui procure un excellent labour à cette portion de terrain.

275. Quoi qu'il en soit, on laboure les espaliers en automne et une seconde fois en avril. Pendant le courant de l'été, on leur donne de petites façons à la binette (A 35); et si le sol est sec et sablonneux, on l'arrose selon le degré de sécheresse de l'atmosphère.

276. On ne doit laisser que trois ou quatre pêches sur les branches à fruit, même les

plus vigoureuses; on les cueille en août et septembre (241).

277. Les branches à fleurs du Pêcher [1] se mettent alternativement à fruit la seconde année de leur apparition, ou bien elles ne se développent jamais plus. Immédiatement après qu'une branche a donné sa récolte, on la *rabat* (87) sur les deux boutons les plus voisins de son point d'insertion.

278. Butret a le premier fait la remarque que, chez le Pêcher, tout bouton à fleur est stérile s'il n'est accompagné d'un bouton à bois; d'où il est nécessaire de conclure avec lui, qu'avant de tailler pour mettre une branche à fruit, il faut s'être assuré que le bouton réservé est accompagné du bouton qui lui sert pour ainsi dire de nourricier.

279. Les Pêchers, malgré tous les soins du cultivateur, sont sujets à la *cloque*, à la *gomme*, à la *rouille* et à la *carie*, maladies dont nous nous sommes déjà occupés (108).

Énumération des espèces les plus distinguées de Pêches, dans l'ordre de leur maturation.

280. Avant Pêche blanche : fruit petit,

---

[1] Ces branches, que les Montreuillois (160[1]) nomment *branches-crochets*, sont les dernières ramifications de l'espalier.

blanc, arrondi, succulent, sucré, mais rarement parfumé. Fin de juin.

281. PETITE MIGNONNE. C'est la plus estimée des Pêches hâtives. Commencement d'août.

282. GROSSE MIGNONNE : fruit gros, arrondi, jaune du côté de l'ombre, et rouge du côté du soleil, comprimé et même creusé au sommet; partagé en deux lobes par un sillon latéral. Chair fine, fondante et sucrée. Du 20 au 30 août. Une de ses variétés mûrit au commencement d'août.

283. POURPRÉE HATIVE OU LA VINEUSE: fruit gros, plus coloré que le précédent, et mamelonné, plus vineux, mais sujet à devenir cotonneux. Il vient en plein-vent et en espalier au levant. Mi-août.

284. GALANDE OU BELLE-GARDE : fruit résistant à la pluie, de moyenne grosseur, d'un pourpre noir; chair fine, sucrée et vineuse. Arbre peu sensible à la gelée, se plaisant au levant. On découvre peu le fruit. Fin d'août.

285. MAGDELEINE BLANCHE : fruit gros, blanc et rougissant à peine du côté du soleil. Chair blanche, fine, fondante et agréablement musquée. Fin d'août.

286. BELLE de PARIS ou PÊCHE DE MALTE :

fruit moyen, aplati en dessous, marbré légèrement de rouge du côté du soleil ; chair
la plus délicate de toutes, quand elle réussit
bien. Vient en plein-vent et en espalier au
levant. Août et septembre.

287. ALBERGE JAUNE, SAINT-LAURENT
JAUNE OU PETITE ROUSSEANE : fruits moyens,
d'abord jaunes, ensuite d'un rouge foncé ;
chair très-jaune à la circonférence, très-
rouge auprès du noyau ; ferme, sucrée et
vineuse. Fin d'août.

288. CHEVREUSE HATIVE : fruits gros, allongés , rarement mamelonnés, jaunissant
d'abord, et se marbrant de rouge vif du
côté du soleil ; chair fondante, très-sucrée et
agréable. Commencement de septembre.

289. MAGDELEINE DE COURSON OU MAG-
DELEINE ROUGE : fruit plus gros que ceux
de la Belle de Paris (286), d'un beau rouge ;
chair ferme et vineuse. Commencement de
septembre.

290. BOURDINE : fruits gros, arrondis,
quelquefois mamelonnés, lavés de rouge
foncé du côté du soleil ; chair fondante, sucrée et vineuse ; noyau petit et gonflé ;
vient en plein-vent et en espalier au levant ;
de semence. Mi-septembre.

291. ADMIRABLE : fruits très-gros, ronds,

à surface d'un jaune clair, mêlé d'un peu de rouge vif du côté du soleil ; chair ferme, fine et sucrée, vineuse ; enfin l'une des meilleures Pêches. A toutes les expositions et en plein-vent dans les lieux abrités. Mi-septembre.

292. Pêche Pavie Magdeleine ; ne différant de la *Magdeleine blanche* (284) que par l'adhérence de la chair au noyau et par l'époque de sa maturité, qui arrive à la fin de septembre.

293. Pavie Alberge : fruits très-gros et fort beaux ; peau et chair jaunes avant la maturité, et un peu plus tard se colorant en rouge foncé du côté du soleil. Fin de septembre.

294. Brugnon musqué : fruit moyen, d'un rouge plus clair et plus vif du côté du soleil ; peau lisse, chair jaune, vineuse et musquée. On le laisse faner sur l'arbre et faire son eau dans la fruiterie (253). Fin de septembre.

295. Royale ; qui ne diffère réellement de l'*Admirable* (291) que parce qu'elle mûrit au commencement d'octobre.

296. Pêche abricotée, admirable jaune, ou grosse jaune, ou Pêche de burai, ou Pêche d'Orange : fruit très-gros ; peau jaune

et lavée de rouge du côté du soleil; chair jaune ayant le goût d'abricot. Mûrit par un automne chaud, à la mi-octobre. Cette espèce se reproduit de semence.

297. PAVIE DE POMPONE, PAVIE MONSTRUEUSE, GROS PERSIQUE ROUGE, GROS MÉLECOTON. La plus grosse de toutes les Pêches, souvent terminée par un mamelon; blanche comme la cire du côté de l'ombre, et d'un rouge très-vif du côté du soleil; chair ferme, excellente par la cuisson. Mûrit à la fin d'octobre si la saison est favorable.

298. PAVIE TARDIVE; n'est cultivée que dans le midi de la France, où elle mûrit en novembre.

299. Toutes les Pêches se divisent en trois grands groupes : 1° PÊCHES PROPREMENT DITES OU ALBERGES; surface duveteuse et chair se détachant du noyau : *grosse Mignonne* (282), *Pourprée hâtive* (283), *Avant Pêche blanche* (280), *Magdeleine blanche* (285), *Galande* (284), *Malte* (286), *Alberge jaune* (287), *Chevreuse hâtive* (288), *Magdeleine de Courson* (289), *Bourdine* (290), *Admirable* (291). 2° PAVIES; surface duveteuse et chair adhérente au noyau : *Pavie magdeleine* (292), *Pavie Alberge* (293), *Pavie de Pompone* (297), *Pavie tardive* (298), 3° BRU-

GNONS; peau lisse; chair adhérente au noyau.
Brugnon musqué.

300. Il existe un bien plus grand nombre
d'espèces ou de variétés de Pêches, dont on
trouve une collection complète dans la pépinière de M. Noisette, qui les a figurées dans
son grand ouvrage.

301. L'art a voulu ajouter à l'éclat dont la
nature revêt l'extérieur de la Pêche. On s'ap
pliquait anciennement à imprimer pour ainsi
dire des dessins sur la peau de ce beau fruit,
au moyen de feuilles de papier découpées,
que l'on y collait avec de la gomme. Toutes
les portions que ne recouvre pas le papier,
se colorent en rose, et les autres restent in-
colores, en sorte qu'en enlevant le papier,
au moyen de l'eau, la Pêche paraît empreinte
du dessin qu'on a eu envie de reproduire.

ABRICOTIER (*Armeniaca vulgaris*, Tournef.).

302. L'Abricot diffère principalement de
la Pêche, en ce que le noyau du premier a
la surface unie, et que celui de la Pêche est
ciselé d'espèces de vermoulures. La chair de
l'Abricot est moins épaisse et moins fondante, mais plus sucrée et plus pâteuse
que celle de la Pêche.

303. Dans le nord de la France, l'Abricotier se plaît dans toutes les espèces de terre, pourvu qu'elles ne soient pas trop humides; il vient en plein-vent (169) et de semence (22), ou en espalier au levant, et dans les terres froides au midi ; les engrais végétaux (A 22) lui conviennent presque seuls.

304. On le greffe *à œil dormant* (70) sur l'Amandier, sur le Prunier, et quelquefois sur l'Abricotier venu de semence. Au bout de trois ans, il est assez vigoureux pour porter du fruit.

305. Les pleins-vents donnent des Abricots bien supérieurs aux espaliers; mais leurs fleurs précoces redoutent les gelées; et l'on doit avoir soin de les abriter (264). Ils pourraient se passer de la taille, qui leur est plus nuisible qu'utile, si l'on n'avait pas à craindre de les voir se dégarnir du bas et affecter des formes peu agréables.

306. Il faut procéder avec réserve à l'effeuillage des espaliers, crainte des coups de soleil.

307. Parmi les espèces les plus recherchées d'Abricots, nous citerons les suivantes :

Abricot précoce ou Abricotin ; petit, presque rond, jaunâtre du côté de l'ombre,

vermeil du côté du soleil ; chair jaunâtre
médiocre, amande Amère, mûrit fin de juin
en espalier, et au commencement de juillet
en plein-vent.

Abricot-commun : fruit gros, chair excellente, mais pâteuse à la maturité ; Amande
amère. Mi-juillet.

Abricot de Provence ; petit, chair jaune,
d'un goût sucré et vineux, noyau raboteux,
Amande douce. Fin de juillet.

Abricot-Pêche ; fruit plus gros que les
autres, aplati, délicieux en plein-vent, où il
devient raboteux et fortement coloré ; chair
d'un jaune rouge, fondante, d'un goût tout
particulier ; son noyau est pour ainsi dire
perforé de part en part d'un canal longitu-
dinal qu'y a laissé le système vasculaire en
s'oblitérant. Ce canal est si grand qu'on peut
y faire passer une épingle.

Abricot musch ; rapporté nouvellement
des frontières de la Perse ; fruit arrondi,
d'un jaune foncé, à pulpe si transparente,
qu'on entrevoit le noyau à travers jour ;
chair fine et agréable. Mi-juillet.

PRUNIER (*Prunus domestica*, L.).

308. Le Prunier réussit dans tous les ter-

rains et à toutes les expositions. Cependant dans une terre légère il donne de plus beaux fruits, et dans une terre trop substantielle il pousse trop de bois.

309. On le multiplie de semences (12) que l'on confie au sol après la récolte, et de drageons (53), ou par la greffe sur les sauvageons *Damas noir* ou *Saint-Julien*, deux espèces qui servent aussi de sujets à l'Abricotier (304). Les plants venus de semis sont plus lents, mais fournissent des arbres plus vigoureux que les rejetons.

310. On greffe en écusson en été, et en fente au printemps, quand on a de forts sujets à sa disposition. On transplante le Prunier l'année suivante, et l'on rabat (87) la greffe à quatre ou six yeux, suivant sa vigueur et celle des racines.

311. Le prunier se taille en espalier que l'on conduit comme le pêcher, par rapport aux branches qui ont fruité (277). On le dirige de préférence en *éventail* (235) ou en *palmette* (236). En plein-vent on le taille les trois premières années, et par la suite on n'a qu'à débarrasser l'arbre du bois mort; avec cette précaution, il arrive, dans certaines années, que les branches cèdent sous le poids du fruit.

312. Le Prunier est sujet à la gomme (109), au blanc (110) et à la brûlure. L'art du menuisier se sert de son bois rougeâtre avec avantage.

Espèces les plus estimées.

313. REINE-CLAUDE [1] à Tours, ABRICOT vert à Rouen, VERTE-BRUNE : grosse, ronde, d'un vert piqué de gris et de rouge du côté du soleil. Excellente en plein-vent, délicieuse en espalier ; enfin la meilleure de toutes les espèces. Août.

314. PRUNE DE MONSIEUR [2], BRIGNOLE violette : grosse ronde d'un beau violet ; chair fondante, peu relevée ; fin de juillet. On lui connaît aujourd'hui trois variétés : *Monsieur hâtif*, mi-juillet, *Surpasse-Monsieur*, plus beau et plus parfumé que la *Prune-Monsieur ;* fin d'août, *Monsieur tardif*, plus grosse, plus sucrée que le *Monsieur.* De septembre en novembre.

315. PERDRIGON BLANC, VIOLET et ROUGE ; petite, allongée, fondante, sucrée et d'un

[1] Du nom de la reine Claude, première femme de François Ier.

[2] Dédiée à Monsieur, frère de Louis XIV.

parfum exquis. En espalier, au nord et à l'ouest de Paris, en plein-vent au sud. Commencement de septembre.

316. ROYALE DE TOURS: grosse, presque ronde, chair fine et sucrée, couleur d'un rouge violet. Fin de juillet.

317. IMPÉRIALE VIOLETTE, PRUNE-OEUF: grosse comme un œuf, violette, ferme, sucrée et d'une saveur relevée, souvent gommeuse et véreuse, surtout dans les terres froides. Fin d'août.

318. On distingue encore la SAINTE-CATHERINE, que l'on préfère à Paris pour faire les pruneaux; la BRIGNOLE, qui a la même destination dans la ville dont elle porte le nom; la PRUNE DE BRIANÇON, qui sert uniquement à faire l'huile de *marmotte*; enfin la CÉRISETTE, la SAINT-JULIEN et le DAMAS NOIR, qu'on ne cultive que pour servir de sujets aux Abricotiers, Pruniers et Pêchers.

CERISIER [1] (*Prunus cerasus*, L. — *Cerasus*, Tournef.).

319. Le Cerisier affecte les mêmes goûts et les mêmes habitudes que le Prunier (308),

---

[1] Apporté en Europe par Lucullus, de là ville de *Cérasonte* en Asie.

et on suit à son égard les mêmes principes.

320. On distingue quatre espèces de Cerisiers qui, par la culture, ont donné lieu à la naissance de soixante-dix variétés.

Fruits en cœur.

321. MERISIER [1] ou CERISIER SAUVAGE, d'où est venu le *Guignier* ou *Cerisier à Guignes ;* Cerise molle, fondante et sucrée.

322. BIGARREAUTIER, qui diffère du Guignier par ses Cerises fermes et croquantes, à chair parsemée quelquefois de fibres blanches.

Fruits arrondis.

323. CERISIER : Cerise à chair fondante et acide, qui comprend le *Cerisier anglais,* de *Montmorency,* le *Griottier.*

324. PETIT CERISIER DU NORD: fruit très-acide d'abord, et qui dans le Brabant passe au doux en séjournant sur l'arbre jusqu'aux gelées. A Paris il se dessèche sur l'arbre

---

[1] Le Merisier parvient à la hauteur des chênes et des hêtres. Son fruit, même à sa maturité, conserve assez d'amertume pour porter à croire que le mot de *Merise* vient de *Cerise amère.*

après sa maturité. Il est bon pour ratafia et confiture.

Olivier (*Olea Europea*, L.).

325. L'Olivier n'est cultivé qu'en Provence, dans le Languedoc et dans une partie des départemens voisins des Pyrénées. Les frontières du Dauphiné, du Gévaudan, sont les limites septentrionales de la zône qui lui convient ; le 45° de latitude méridionale est la limite opposée.

326. Cet arbre redoute les hivers rudes. L'hiver de 1709 a laissé à cet égard dans l'esprit des Provençaux des souvenirs ineffaçables et pour ainsi dire classiques. Dans une terre légère et dans une exposition aérée, l'Olivier souffre moins de la gelée, et son fruit est meilleur. Dans une terre fraîche et de meilleure qualité, il devient plus vigoureux, rapporte davantage, mais il est plus sujet à la gelée, et l'Olive est inférieure.

327. Les habitans du midi se donnent rarement la peine de former des pépinières. Enfans gâtés de la nature, ils recueillent presque sans travaux (261). Mais pourtant la nature leur est moins propice dans la culture de l'Olivier. Car un Olivier venu de graines ne commence à donner des Olives

qu'à l'âge de cinq à six ans, et ce n'est que vers la douzième année que sa récolte devient de quelque importance. Les cultivateurs sont donc forcés d'avoir recours à d'autres procédés pour jouir un peu plus vite de leurs peines.

328. C'est dans ce but qu'ils vont enlever les plants issus, dans les endroits vagues, des noyaux qu'y ont laissé tomber les oiseaux, sauvageons qu'ils greffent à un certain âge; que les autres plantent des boutures (48) en pépinière, et transplantent à l'âge de cinq à six ans, que d'autres enfin déterminent la formation de marcottes, ou enlèvent les drageons qui se forment ordinairement sur la protubérance que l'on remarque à la base des vieux troncs d'Olivier. On a soin alors d'emporter une assez forte portion du vieux bois sur laquelle est venu le drageon.

329. On a observé qu'à force de multiplier l'Olivier, par marcottes et par boutures, il a perdu un peu de son port et de ses habitudes. Il ne s'élève presque plus qu'à la hauteur de douze pieds, et sa tête est un hémisphère aplati.

330. On greffe l'Olivier en fente (60) ou en écusson (69), mais plus spécialement en couronne.

331. On les plante en quinconce ou en bordure, à la distance de trente ou quarante pieds, dans de grands trous ouverts d'avance. On les butte (122) après les avoir fumés avec des engrais provenant de chiffons de laine, de poil, de cornes et d'ongles d'animaux. On sème, dans les intervalles, des céréales ou autres plantes annuelles.

332. L'Olivier fleurit en avril et mûrit en novembre; on prolonge la cueillette jusqu'en mars. L'Olive n'est réellement bonne à manger qu'après qu'elle est devenue noire et molle par la maturité. Il faut lui faire subir quelques préparations indispensables, quand on cueille l'Olive encore verte et ferme. A cette époque elle n'a de commun avec les excellentes Olives, qui font les délices de nos tables, que par la forme et la couleur; mais son goût est d'une telle âpreté, que les Provençaux n'éprouvent pas de plus malin plaisir que celui de voir les voyageurs étrangers se précipiter sur les Oliviers, pour cueillir, de leurs propres mains, ce fruit dont ils ont conservé une si bonne idée. On n'a pas vu un seul amateur assez intrépide pour conserver un instant une telle Olive dans la bouche.

333. Afin de leur enlever l'amertume qui les caractérise à cet état, on les confit en septem-

bre ou octobre, au moyen de divers procédés qui se réduisent tous à neutraliser leur
saveur par l'emploi d'une lessive, et à les
aromatiser par celui d'une forte saumure.

334. Le premier procédé consiste à déposer, dans des jarres vernies et pleines d'eau,
les plus grosses Olives, à changer l'eau tous
les huit jours, jusqu'à ce qu'elles soient suffisamment adoucies. On les met alors dans
une forte saumure, dans laquelle elles séjour-
nent jusqu'à Pâques. A cette époque on sépare celles qui ont changé de couleur, on
jette les autres dans une nouvelle saumure ;
et elles sont bonnes à manger.

335. Le second procédé est celui de la
picholine (en provençal *pitsoulinou*). On
place les Olives dans une lessive faite avec
une livre de chaux vive et six livres de cendre
de bois neuf. Douze heures après on essaie
l'effet de la lessive, en ouvrant une Olive avec
le couteau ; si le noyau se sépare de la chair,
on les retire de la lessive, on les lave bien
dans l'eau fraîche, qu'on renouvelle toutes les
vingt-quatre heures pendant neuf jours.
Après quoi on les met dans la saumure aro-
matisée avec des épices et des herbes, après
les avoir *écachées* (écrasées) avec un petit
maillet, ou leur avoir fait des incisions au

couteau afin que la saumure pénètre dans la chair. Quelques personnes les laissent entières pour le coup d'œil.

336. Pour retirer l'huile de l'Olive, il faut la prendre à sa maturité. La meilleure est celle qu'on obtient, en soumettant au pressoir les Olives, immédiatement après la cueillette. On en obtient en plus grande abondance, après les avoir laissé fermenter quelque temps dans le grenier ; mais l'huile est alors d'une qualité inférieure. Les fabricans de savon attendent même jusqu'à Pâques avant de les *détritter (broyer sous la meule)*; et ils se servent pour les conserver d'un grenier dont le plancher est en pente, pour faciliter l'écoulement de l'eau que rendent les Olives.

337. Quoi qu'il en soit, on place les Olives sous une meule pour les écraser ; on transporte ensuite la pâte sous le pressoir, dans des espèces de *cabas* circulaires, aplatis et ouverts sur une de leurs faces, que l'on nomme *scourtins* ou *coffins*. On empile ces *cabas*, et l'on exerce sur eux une pression progressive au moyen d'une vis sans fin. La première huile qui coule ne provient que de la drupe, parce que la pression n'est pas encore assez forte pour attaquer les fragmens du noyau. C'est la meilleure, et celle que l'on désigne

sous le nom d'*huile vierge*. Elle diminue ensuite de qualité à mesure que la pression augmente. Quand il ne coule plus d'huile, on arrose les *coffins* avec de l'eau bouillante, pour soutirer et entraîner les molécules d'huile que la pression n'est plus capable de déloger. Par le repos ces gouttelettes remontent à la surface; et lorsqu'il y en a une assez grande quantité, on soutire l'eau. On a soin ensuite de transvaser de temps à autre ces diverses huiles, afin de les dépouiller d'une espèce de lie que l'on nomme en provençal *crapou d'oli*. Quant au marc qui reste dans les *scourtins*, on en fait ou des mottes à brûler ou des gâteaux pour fumer les terres (A 74).

Les huiles de rebut ou amères servent à faire le savon.

338. L'emplacement qui est spécialement consacré à la culture de cet arbre précieux prend le nom d'*Olivette*; c'est un *verger d'Oliviers* (145). On en cultive de diverses espèces, dont les principales sont : 1° l'*Amellou* ou *Amellingue* ou *plant d'Aix*; fruit ressemblant un peu à l'Amande (*Amélou* en provençal); huile très-douce; l'un des plus cultivés ; 2° l'*Ampoulant* ou *Barralingue*, gros fruit arrondi, huile délicate;

3° *Picouline* ou *Sauline :* la meilleure pour confire (335) ; huile fine et douce ; fruit petit et oblong ; 4° *Galingue* ou *Olivière* ou *Laurine :* fruit rougeâtre à long pédoncule ; huile médiocre, mais arbre résistant bien au froid ; 5° *Bouteilleau* ou *Boutiniane* ou *Nopugète;* peu sensible au froid; huile bonne, mais déposant beaucoup de lie; 6° *Salierne*; redoutant le froid, se plaisant dans les terres cailouteuses et les sols calcaires; fruit d'un violet noir; huile des plus fines ; 7° d'*Espagne;* la plus grosse Olive de France; huile amère, mais fruit bon à confire ; 8° *Pointue* (en provençal *Pountsudou*); fruit pointu et ayant la forme d'une jujube à la maturité; huile estimée.

Jujubier (*Rhamnus Ziziphus* , L.).

339. Cet arbre, qui est susceptible de parvenir à de grandes dimensions, ne fructifie que dans le midi de la France, où on le multiplie simplement de semences, et où il se plaît dans les terrains secs. Dans nos bosquets on pourrait le cultiver comme ornement d'automne.

340. Son fruit est oblong, à pulpe jaunâtre, douce, mais un peu sèche, dont la peau

est d'un jaune rougeâtre luisant. On en fait un grand commerce pour les pâtes pectorales.

CORNOUILLER MALE (*Cornus mas*, L.).

341. Cet arbre, qui parvient de quinze à trente pieds, se multiplie dans toutes les terres, dans une situation ombragée, de semences, marcottes et greffes. Ses fruits rouges et pulpeux, qu'on nomme *Cornes* ou *Cornouilles*, sont aigrelets, et servent, à leur maturité, à faire des liqueurs et confitures.

§ II. *Fruits à pepins.*

POIRIER (*Pyrus communis*, L.).

342. Cet arbre se multiplie dans le nord de la France, pricipalement par la greffe en fente ou en écusson (60, 69). On greffe sur franc (179) pour avoir des arbres très-grands et propres aux *vergers agrestes* (146). On greffe sur *Cognassier* quand on ne se propose d'obtenir que des arbres d'une taille médiocre et propres aux jardins fruitiers (145). *Sur franc* le Poirier exige une terre profonde et substantielle ; une terre douce et peu pro-

fonde, et l'exposition du levant ou du couchant suffit au Poirier greffé sur *Cognassier*, dont les racines ne pénètrent pas trop avant.

343. Pour obtenir par des semis des sauvageons destinés à servir de sujets aux fruits à poiré ou à cuire, on se sert des pepins renfermés dans le marc provenant des fruits écrasés pour faire le cidre que l'on nomme *poiré*; on les sème au printemps, dans des rayons de deux doigts de profondeur et distans de six à huit pouces. On laisse les plants deux années dans la pépinière, et lorsqu'on transplante la première année, on a soin de ne point *pincer* le pivot (29).

344. Pour les *fruits à couteau* on prend les pepins des plus beaux fruits, on les laisse sécher une ou deux heures à l'air, et on les stratifie (12).

345. On bine souvent ces jeunes plantations; et si dans un carré on observait des sujets à feuilles larges et sans épines, il serait nécessaire de les soigner, parce que probablement on aurait à espérer une variété nouvelle.

346. Sous le rapport de la taille, il est à remarquer qu'ainsi que le Pêcher, le Poirier a 1° ses branches à bois (191) et ses branches à fruit qui produisent deux ou trois

années de suite ; 2° ses brindilles (198), que l'on taille sur un bon œil à bois, environ à moitié de leur longueur. Si on veut les transformer en branches à fruit, il faut les tailler très-court ; 3° ses *lambourdes* (196), qu'on ne taille jamais ; 4° ses branches *chiffonnes* (197) que l'on retranche, si elles sont inutiles ; 5° ses branches *gourmandes* (193) que l'on traitera comme celles du Pêcher ; 6° enfin, plus que le Pêcher, des *bourses* (199), dont on se contente de rafraîchir l'extrémité, et qui fleurissent et fructifient de cette manière au moins tous les deux ans.

347. On taille court les arbres les plus fertiles (Doyenné, Beurré, etc.), et long les arbres qui se mettent difficilement à fruit. Voilà les principales règles relatives à la taille en espalier (213).

348. Les *chancres*, les *lichens* et *divers insectes* attaquent spécialement le Poirier. Nous renvoyons à cet égard au paragraphe *des maladies des arbres* (106).

(123)

Poiriers les plus estimés pour faire le cidre ou poiré [1].

349. Le gros Ménil, le Raguenet, un des plus productifs et qui donne le meilleur poiré; le Branche, une des meilleures et des plus fertiles espèces; le Jacob, l'Écuyer et le Saugier, qui fournit de bons sujets aux *pleins-vents*.

Principaux Poiriers à couteau.

350. Petit Muscat ou Sept-en-gueule : Poire petite mais précoce, plus abondante sur les pleins-vents; chair demi-beurrée et musquée. Fin de juin.

351. Muscat Robert ou gros Saint-Jean musqué : Poire plus grosse que la précédente; peau unie, quelquefois vermeille; chair tendre, sucrée et relevée; se greffe sur franc. Mi-juillet.

352. Bellissime d'été ou suprême : Poire en forme de calebasse; jaune pâle; chair blan-

---

[1] Dans la nomenclature des arbres fruitiers, l'épithète spécifique se rapporte au fruit et non à l'arbre (B 86 '),

che, demi-beurrée, parfumée et très-agréable, mais seulement dans les étés chauds. De la mi-juillet à la mi-août.

353. Gros bon Chrétien ou Graciolli d'été : Poire grosse, pyramidale, tronquée, bonne, jaune, demi-cassante, sucrée, très-succulente. Se greffe sur franc et vient très-bien dans les cours pavées. Commencement de septembre.

354. Beurré : grosse, variant de couleur, fondante, très-beurrée ; excellente par son goût fin et relevé ; vient en *gobelet* (179) ou en *espalier* (213). On cueille le fruit un peu avant la maturité ; il achève de mûrir dans la fruiterie (253), et à cet état c'est un aliment délicieux. Mi-septembre.

355. Angleterre ou beurré d'Angleterre : plus petite et d'une forme plus allongée que la précédente. Se vend à Paris, tout le mois de septembre, sous le nom de *Poire d'Angleterre*.

356. Doyenné blanc ou Beurré blanc ou Saint-Michel : grosse, presque ronde, jaune, très-sucrée, quelquefois relevée, excellente, mais sujette à *cotonner*, c'est-à-dire à gagner une chair fade et comme cotonneuse. Cet arbre doit être taillé court. Mi-septembre.

357. DOYENNÉ GRIS OU D'AUTOMNE : meilleure que la précédente. On la fait mûrir dans la fruiterie; elle dure jusqu'en novembre. Le *Doyenné d'hiver* est semblable à celui-ci, mais mûrit plus tard.

358. BON CHRÉTIEN D'HIVER OU POIRE D'ANGOISSE : grosse, à peau unie, épaisse, d'un jaune verdâtre; chair ferme, grenue, sucrée. Se greffe sur Cognassier et vient en espalier au midi ou au levant. En octobre, et se conserve tout l'hiver.

359. BÉZY [1] DE CHAUMONTEL : grosse, variant de forme et de couleur, demi-beurrée, fondante, sucrée et relevée, enfin fruit excellent. Se plaît au couchant en entonnoir ou en espalier, et se taille court. Novembre, décembre, janvier.

360. POIRE DE RATEAU: très-grosse, turbinée, blanc verdâtre d'un côté, rougeâtre de l'autre, parsemée de points roussâtres; chair ferme et cassante, un peu sucrée, assez parfumée. Ornement des desserts pendant tout l'hiver. Mûrit fin de décembre.

361. VIRGOULEUSE OU POIRE GLACE :

---

[1] *Bézy* ou *Béziers* signifie *sauvageons* en Normandie. Ce mot date de l'époque à laquelle on commença à cultiver, dans les fruitiers, les Poiriers sauvageons qu'on tirait des forêts.

grosse, allongée, jaune, tendre, beurrée, relevée, excellente, se plaît en espalier au levant, se fend au midi. Se greffe sur franc et non sur cognassier. De novembre en février.

362. SAINT-GERMAIN : pyramidale, allongée, verte, fondante; excellent fruit, mais souvent pierreux. Se cueille en octobre, et mûrit dans la fruiterie de novembre en avril.

363. COLMAR ou POIRE MANNE : très-grosse, pyramidale tronquée, à surface verte et rouge, beurrée, fondante, sucrée, relevée, excellente. Au levant en entonnoir ou en espalier. Janvier, février et mars.

364. POIRE D'UNE LIVRE OU GROS RATEAU GRIS : en espalier à cause de son fruit très-gros, aplati dans sa longueur, à surface vert jaunâtre pointillé de roux, très-bon cuit. Se greffe sur franc. Mûrit en décembre, janvier et février.

365. MUSCAT LALLEMAN : très-grosse, ventrue, à surface grise et rouge, beurrée, fondante, musquée, et relevée. En entonnoir ou en espalier au couchant. Mars, avril, mai.

POMMIER (*Pyrus malus*, L.).

366. Cet arbre exige une terre franche,

mais moins profonde que le Poirier. On prend des sujets dans les forêts, où, par la forme de leur système radiculaire, ils présentent moins de difficultés à enlever que le genre précédent. Mais provenus de semences ils acquièrent beaucoup plus de vigueur et de précocité.

367. Les pepins des Pommes à cidre fournissent des sauvageons qui se nomment *Égrins*; ils sont excellens pour greffer les Pommes à cidre, et sont presque toujours employés pour les fruits à couteau cultivés en plein-vent ou en pyramide. Les pepins des bonnes Pommes à couteau donnent des sujets propres aux Pommiers de troisième grandeur. Le *Doucin* fournit les sujets de quatrième grandeur; et le *Paradis* ceux de la cinquième, qui se compose des *arbres nains* que l'on taille en vases, et entonnoirs connus sous le nom de *Paradis*, en quenouilles et en contre-espaliers (171) de quatre pieds. Ce sont les arbres qui donnent les meilleurs et les plus beaux fruits, mais à germes faibles et émaciés.

368. Les semis, labours, greffes et tailles se font comme pour le Poirier (345). La direction horizontale de ses branches rend sa conduite encore plus facile. On le taille plus

court, surtout les nains. Les labours doivent être moins profonds, crainte d'endommager ses racines, qui sont traçantes. Tous les trois ou quatre ans on enlève, dans un rayon de trois pieds, une couche de terre de cinq ou six pouces, qu'on remplace par une plus substantielle.

369. Lorsque les branches inférieures s'inclinent jusqu'à concentrer l'humidité autour de la tige, on se hâte de les couper et de recouvrir les plaies (58 [1]).

370. Le bois de Pommier est employé en menuiserie, et celui de Pommier sauvage en charronnage.

Pommes à cidre.

371. Le cidre de la meilleure qualité est fabriqué avec un mélange en proportions variables de Pommes douces, acerbes et acides. On compte un nombre considérable de Pommiers cultivés pour cette branche de commerce si importante en Normandie et dans les départemens septentrionaux. Nous ne citerons, parmi les précoces ou de première saison, que les Pommes *Girard, lente au gros, Guillot-Roger, Saint-Gilles, Blanc-Doux, Amer-Doux, Blanc;* — pour la

deuxième saison : les *Doux-Évêque, Amer-Doux, l'Épice, d'Amelot, Rouget;* — pour la troisième saison : les *Germaine, Béboi, Gros-Doux, Muscadet, Duret, Bouteille,* etc.

Principales pommes à couteau.

372. CALVILLE D'ÉTÉ ou PASSE-POMME ou GROSSE POMME MAGDELEINE : petite et n'ayant presque que le mérite de la précocité. Juillet.

373. CALVILLE BLANC D'HIVER OU BONNET CARRÉ : grosse, à peau jaune, à chair fine et d'un goût relevé. Se cueille en octobre et se mange de décembre en avril.

374. REINETTE BLANCHE : la meilleure de toutes les Pommes; d'un vert passant au jaune par la maturité; ayant quelquefois cinq côtes. Mûrit dans la fruiterie de février en juin, et se conserve d'une année à l'autre.

375. API : petite, jaune pâle et d'un rouge vif du côté du soleil; à chair ferme; blanche et douce. Se conserve jusqu'en avril sans se rider.

376. Les Pommiers *Paradis* et *Doucins* sont cultivés dans les pépinières seulement comme sujets (367).

Cognassier (*Cydonia communis*, L.).

377. On cultive quelquefois le Cognassier pour ses fruits, dont on fait des confitures; mais en général on n'a en vue, en le cultivant, que d'obtenir des sujets au Poirier.

378. On sème ses graines, immédiatement après leur maturité; elles lèvent au printemps suivant. On le multiplie de préférence par boutures (48) et marcottes (44) ou œilletons (51); il vient alors beaucoup plus vite. On taille rarement le Cognassier, à moins que ses branches ne deviennent trop nombreuses.

Grenadier (*Punica granatum*, L.).

379. Cet arbrisseau, importé d'Afrique, s'est si bien naturalisé dans le midi de la France, qu'en Provence il n'est pas rare de voir des haies entières formées de ses tiges, surtout sur le bord des ruisseaux qui peuvent en défendre l'approche aux voyageurs les plus affairés.

38o. A Paris on le cultive comme arbre d'ornement et d'orangerie, et on le taille de même que l'Oranger. On le force à fleurir, en pinçant ses nouvelles pousses ; il fructifie rarement avec succès.

381. On le multiplie de graines, de boutures et de rejetons (51).

382. On sait que son fruit se compose d'une grosse coque demi-ligneuse et très-acerbe, renfermant des milliers de graines ou pepins enveloppés chacun d'une pulpe purpurine et d'un goût exquis.

Oranger (*Citrus*).

383. La culture de ce superbe arbrisseau exigeant des soins et des artifices spéciaux ainsi que des dispositions locales qui sortent du cadre modeste d'un jardin fruitier, nous en renverrons l'exposé au *Traité d'horticulture*.

Néflier (*Mespilus germanica*).

384. Les pepins sont ordinairement deux ans à lever; aussi le multiplie-t-on au moyen de marcottes ou de la greffe en fente et en écusson, sur le Néflier des bois, l'Azérolier, le Cognassier, le Poirier, ou sur l'Épine. Cet arbre se plaît dans tous les terrains non ma-

récageux ; il n'exige aucune taille. Son bois est très-dur ; et ses fruits âpres avant la maturation, et en octobre, époque de leur cueillette, acquièrent sur la paille une saveur douce. Une de ses variétés (*Mespilus abortiva*) produit des fruits sans aucune trace des cinq noyaux ou pepins osseux qui caractérisent la *Nèfle*.

Vigne (*Vitis vinifera*, L.).

385. Ainsi que l'Olivier, la Vigne forme à elle seule des vergers agrestes qui, réunis sur une grande étendue, prennent le nom de *vignobles*. On la cultive en outre en espèces *d'espaliers* qui reçoivent différens noms, selon les diverses formes qu'on leur fait prendre.

386. Le sol qu'affecte la Vigne doit être propre à conserver un certain degré constant d'humidité. Les terrains caillouteux et les fentes des rochers exposés au sud-est, donnent, dans le midi de la France, les vins les plus spiritueux. Dans le centre, la Vigne vient très-bien au milieu des schistes ardoisés ; et dans le nord elle se plaît dans les sables gras et mêlés au calcaire. Dans le nord et le centre de la France, l'exposition la plus

favorable à ses produits est celle du plein-midi. Dans les provinces méridionales, au contraire, c'est le sud-est. L'ouest lui est partout également nuisible, ainsi que les bas fonds et le voisinage des marais et des bois.

387. Les *engrais animaux* (A 23) profitent au développement de la vigne, mais nuisent à la qualité de ses produits. Les *engrais végétaux*, au contraire (A 22), tels que le terreau provenant des feuilles d'arbres estivaux, les herbages à demi pourris, les tontures du buis, du ciste, des bruyères à un état commençant de décomposition, sont moins actifs que les précédens, mais plus propices. Le *varec* (A 22, 2°) leur est tout aussi nuisible que l'*engrais animal*.

388. On multiplie la vigne de semences, de marcottes, de boutures, et par la greffe. Les plants provenant de semis sont plus lents à se développer; à Paris, où l'on est pressé de jouir, on n'a jamais recours à cette méthode. Cependant les semis ont pour principaux avantages de donner naissance à de nouvelles variétés, de régénérer des variétés appauvries par les marcottes (46), les boutures et les plants enracinés. On garde à cet effet tout l'hiver les pepins des raisins que l'on préfère, on les répand au printemps sur une

terre meuble. Le printemps suivant on
repique en pépinière. On met en place à
la troisième ou quatrième année. A la douzième la vigne donne des fruits.

389. On distingue deux espèces de boutures (48) : les *simples* et les *crossettes*. Les
boutures simples sont des ceps bien *aoûtés*
(*mûris*) âgés de neuf mois; les *crossettes*
sont des sarmens produits par les trois séves
précédentes.

390. Les *crossettes* reprennent plus sûre-
ment et fructifient un an plus tôt que les
boutures. Les *plants enracinés* sont plus hâ-
tifs que les crossettes d'un nombre d'années
égal à celui qu'ils ont passé en pépinière.
Mais aussi les *plants enracinés* coûtent trois,
quatre et cinq fois plus cher que les boutures. Les marcottes coûtent encore plus cher.
Les jeunes ceps provenus du marcottage et
âgés de deux ou trois ans, sont d'un prix
trop élevé pour l'exploitation des grandes
cultures.

391. Dans le midi on plante les boutures
vers la fin de l'automne; dans les départemens du centre de la France, on ne les met
en place qu'au commencement du printemps;
et dans le nord on attend jusqu'à la fin de
mars. Pour les conserver jusqu'à cette épo-

que, on les enfonce par leur gros bout et jusqu'aux deux tiers de leur longueur, dans du sable, à l'abri des gelées ; on les recouvre même avec des feuilles ou de la litière.

392. Vingt-quatre heures avant la plantation on les met tremper dans l'eau. On *habille* (28) après cette macération les racines, et l'on *ravale* (87) la tige sur le second des yeux qui doivent rester au-dessus de la surface du sol.

393. L'espacement varie en raison de l'espèce de vigne, du climat, de la nature du sol et de l'usage auquel on la destine.

394. La conduite des ceps varie en raison du climat. En Italie, en Afrique, dans l'Archipel, où le soleil est brûlant, on marie la vigne au Peuplier, à l'Érable ou à l'Ormeau, qui sert de tuteur à ses ceps débiles, et qui l'abrite par son feuillage. Dans le midi de la France, on laisse les sarmens retomber vers le sol, afin que les pampres qui se dirigent vers le ciel, forment une toiture à la grappe que son poids entraîne dans l'ombre d'une atmosphère échauffée. Tous les rayons du soleil du nord ne sont pas de trop pour mûrir le raisin ; on échalasse la vigne et on l'épampre crainte de lui ravir un seul rayon de lumière ; on la palisse contre un mur pour

ajouter à son profit la chaleur réfléchie à la chaleur directe; on l'élève au-dessus des berceaux, afin de soustraire ses baies à l'influence d'un fond ombragé et humide. Ces divers procédés prennent différens noms

395. Les *vignes naines* sont celles dont les sarmens retombent sur la terre. Les *vignes rampantes* sont celles dont les souches ne sortent que peu ou point de terre. Les *vignes moyennes* sont celles que l'on fait supporter par des fourchettes, des échalas, des pieux, etc. Les *vignes* en *palissades* sont celles que l'on palisse sur un treillage en forme de contre-espalier (171). Les *treilles* diffèrent des *berceaux* en ce que les premières sont palissées contre des murs, et les secondes recouvrent des *treillages* arrangés en voûtes pour la promenade. Ces deux derniers modes s'appliquent aux beaux raisins de table; les autres aux raisins de pressoir. Les *hautains* ou *hutins* sont des vignes plantées aux pieds des arbres dont la tige doit leur servir de tuteur. Nous avons déjà parlé du parti que l'on peut tirer des cordons de la vigne pour utiliser les intervalles des jeunes espaliers (274).

396. Les *sarmens* ou *ceps* sont les rameaux flexibles et allongés de la vigne; ils ne produi-

sent des bourgeons à fruit qu'à un certain âge. Les *coursons* sont des sarmens âgés d'un an, sur lesquels on remarque les boutons ou *gemmes* destinés à fruiter l'année suivante. Les *flèches* sont des sarmens à fruit dans leur développement. Les *pampres* sont les feuilles de la vigne. Les *yeux* (3) sont ou *simples*, et alors ils sont plus gros que les autres et pointus par le bout, ils ne produisent en général que des sarmens stériles ou *branches gourmandes* (191); ou *doubles* plus petits que les premiers et en 8 horizontal; ce sont les boutons à fruit, qui entrent en séve les premiers, et montrent leurs grappes avant les feuilles ; ou *triples* et *multiples*, beaucoup plus petits que les deux premières espèces, et qui ne se développent qu'en taillant court. On trouve les premiers vers l'extrémité des rameaux de la dernière séve, les seconds vers le bas des mêmes sarmens, et les troisièmes à la base du sarment qui a crû au printemps sur une tige âgée de deux et d'un plus grand nombre d'années.

397. On greffe la vigne de deux manières: *sur la tige* ou sous le *collet de la racine.* Celle-ci se nomme *greffe en navette* et se pratique communément dans le Bordelais;

8.

celle-là revient absolument à la *greffe en fente* (60).

398. Dans la *greffe en navette* on fend d'outre en outre la souche au moyen d'un ciseau spécial en forme de spatule aiguë, (fig. 11); on y introduit un morceau de sarment de dix-huit à vingt-quatre lignes de long et muni d'un bon œil, après l'avoir taillé en coin au-dessus et au-dessous de l'œil, de manière à lui donner la forme d'une navette. Pour l'y introduire, on tient la fente ouverte au moyen d'une fourche ou croissant en fer, dont le manche est à une égale distance des deux bouts (fig. 12); et quand les deux libers coïncident aussi bien qu'il est possible, on retire le croissant, la fente se referme par l'élasticité du bois, l'on recouvre la plaie avec de la cire (58 [1]), et l'on coupe la souche quand la greffe a bien repris.

399. La taille des vignes rampantes n'a pour but que de rapprocher les sarmens du sol; en conséquence on *ravale* chaque année le cep principal ou tige sur les sarmens les plus bas, et on taille ceux-ci à un ou deux yeux. La vigne produit après quatre ou cinq ans.

400. La vigne reste plus élevée dans les départemens des Bouches-du-Rhône, du Var, de Vaucluse, etc. Pour la tailler on laisse cinq *branches mères* (188) également distantes à l'extrémité supérieure de la tige, qui elle-même est élevée de un à trois pieds. On dispose les plants par planches de trois à sept rangées, séparées entre elles par des planches vides, d'une égale étendue, destinées à recevoir de nouvelles plantations, quand les premières sont épuisées, et qu'on utilise, en attendant, par diverses cultures de plantes annuelles.

401. La culture des vignes en échalas est la plus ordinaire dans le centre et dans le nord de la France; elle a pour but de rapprocher les sarmens fertiles de la surface du sol. La souche n'a que trois à cinq pouces de hauteur; on y détermine la formation de trois *branches mères*, ou tout au plus de quatre, qui forment entre elles un cul de lampe. Les *échalas* se placent au printemps et s'enlèvent en automne. Ce sont des petites perches perpendiculaires qu'on a obtenues en fendant les branches les plus droites du chêne, ou, ce qui est infiniment préférable, du *faux acacia* (*Robinia pseudo-acacia*). C'est autour de ces bâtons qu'on lie les sar-

mens fructifères ; et pour obvier à l'inconvénient immédiat de ce procédé, on épampre la vigne et l'on rogne les bourgeons
superflus.

402. Il est des principes communs à la
taille de ces diverses formes. L'année qui
suit la plantation (37), on taille court et
au-dessus de l'œil le plus rapproché de terre,
et l'on supprime toutes les pousses qui auraient paru en dessous. L'ébourgeonnage n'a
pour but que d'enlever les bourgeons délicats ou provenus des sous-yeux (204). Mais
on se garde bien d'*épamprer* (*effeuiller*) ou
de *rogner*. Le *rognage* a pour but de couper
les sarmens, par leur extrémité, au-dessus des
dernières grappes, immédiatement à la suite
d'un nœud, lorsque les grains de raisins ont
acquis la grosseur d'un grain de chenevis.
On ne le pratique que dans le nord et dans
le centre de la France.

403. L'année suivante on taille moins
court et jusque sur le troisième œil si
l'individu est assez vigoureux. L'ébourgeonnage doit être plus sévère ; deux ou trois
bourgeons suffisent pour en faire des branches mères. Quant à l'épamprement et au
rognage, comme à l'année précédente.

404. L'année suivante, on taille au-des-

sus du troisième œil les bourgeons réservés l'année précédente. Le reste comme l'année précédente.

405. La quatrième taille rabat les sarmens de la dernière pousse au-dessus du premier œil. On éborgne (94) tous les yeux de la tige, et l'on supprime les rameaux qui ont pu pousser de la racine ou du collet. Le reste comme l'année précédente.

406. La cinquième taille ravale les dernières pousses à un ou trois yeux. Lors de l'*ébourgeonnage* on ménage les *flèches* ou sarmens à fruit (396), ainsi que les bourgeons à bois propres à remplacer les bourgeons à fruit et à former des marcottes ou provins (44). On *rogne* (402) et on *épampre* (402), dans les pays où la chaleur du soleil est toute nécessaire à la maturité des grappes. Car arrivées à cette année qui est la sixième de leur plantation, les vignes ont acquis toute la vigueur dont elles sont capables pour produire impunément du raisin.

407. Quant à la conduite de la taille de la treille, nous ne pouvons pas passer sous silence une modification heureuse que les habitans de Thomery [1], près de Fontainebleau,

---

[1] Le village de Thomery est, pour la culture des

ont introduite à cet égard, et à laquelle on attribue en général l'heureuse qualité des raisins qui nous en viennent sous le nom de *Chasselas* de *Fontainebleau*. Ces treilles sont palissées, au moyen d'un treillage à angles droits, contre un mur construit comme à Montreuil (163); et on les dirige de manière à reproduire les formes d'une taille en palmettes superposées avec les modifications suivantes:

408. Dans une *plate-bande* bien préparée au pied d'un mur haut de huit pieds et tapissé d'un treillage dont les lignes horizontales sont, la première à six pouces du sol, et les autres à neuf pouces de distance entre elles, on plante, à dix-huit pouces de distance les unes des autres, des crossettes couchées, et dont le bout sortant est dirigé vers le mur. On taille le premier cep à la hauteur de la première bande du treillage, au-dessus d'un double œil ou de deux

raisins, ce que Montreuil est pour la culture du Pêcher. Nous ne pensons pas que la qualité du sol et l'exposition soient des circonstances aussi indifférentes que le pensent quelques agronomes, qui n'attribuent qu'à la taille la qualité de ce *chasselas*. Si la taille seule était en ce cas propice, on pourrait dans tout les pays avoir d'aussi beaux chasselas qu'à Thomery.

yeux assez rapprochés pour former deux cordons latéraux. Les autres ceps sont taillés successivement de la même manière à la distance de dix-huit pouces chacun. Quand les deux bourgeons réservés sur chacun d'eux se développent, on les palisse avec dextérité sur chacune des bandes correspondantes du treillage. La première année de leur formation on taille chacun de ces cordons de manière à ne leur laisser que trois bourgeons de chaque côté à la distance de quatre à six pouces. Quatre de ces bourgeons sont destinés à former des coursons (396) verticaux, et les deux extrêmes à continuer les cordons à droite et à gauche. A la taille suivante on laisse deux yeux à chaque *courson*, et on ajoute trois bourgeons nouveaux à chaque cordon ; ces trois bourgeons sont dirigés comme les trois premiers, et ainsi de suite jusqu'à ce que chaque cordon ou bras ait atteint la longueur de quatre pieds. Ainsi chaque cep n'a que deux bras ; chaque bras a huit coursons, et les coursons étant taillés à deux yeux, donnent deux branches dont chacune produit au ,moins deux grappes d'excellent raisin. Ce qui fait, sur une surface de huit pieds carrés, 80 coursons et 320 grappes.

409. Quand le raisin est près de la maturité, on arrose les grappes avec une pompe,
pour attendrir la peau et la rendre plus
susceptible de se distendre et de grossir.
Veut-on les conserver sur la treille jusqu'à la
veille des fortes gelées ? on enferme les
grappes dans des sacs de papier ou de crin,
quelques jours avant la maturité, précaution
qui les garantit encore des piqûres des
mouches et de la friandise des oiseaux.

Les maladies les plus ordinaires à la vigne
sont : 1° la *coulure*, contre laquelle on a proposé l'incision annulaire (100); mais quelques agronomes contestent les résultats de
cette opération, et ne lui accordent qu'une
influence sur la précocité et la qualité du
fruit; 2° la *gerçure*, qui se manifeste par des
crevasses sur la branche, et qui donne la
mort aux bourgeons; on n'en connaît pas le
remède.

410. Les raisins les plus estimés pour la
table et pour l'office, et que l'on cultive par
conséquent dans les jardins du nord, sont :
le *Chasselas de Fontainebleau* de diverses
couleurs; le *Chasselas doré* ou *raisin de
Champagne*, qui préfère le levant; le *Ver-
dal*, le plus sucré et le meilleur des raisins de
dessert, mais mûrissant difficilement sous

le climat de Paris; le *raisin Muscat blanc* ou de *Frontignan*; le *Cornichon blanc*, dont le nom indique suffisamment la forme des grains, et qui se plaît au midi; le *Corinthe blanc* sans pepins, à petites grappes et à petits grains; le *Verjus* ou *Bordelais* ou *Bourdelas*, qui n'est propre qu'à confire.

411. Quant aux raisins destinés à faire le vin, leurs espèces varient selon les pays. Les vins les plus spiritueux proviennent des raisins du midi, et la plupart ne sont pas susceptibles d'un long transport par terre. L'espèce avec laquelle on fait les *ramé* (255) se nomme *clarette* dans le département de Vaucluse. C'est encore dans ces provinces que l'on cultive, sous le nom de *grec*, un raisin *rosé* et extrêmement sucré, dont les grappes parviennent à des dimensions si considérables, qu'on n'est plus tenté, en les voyant, de reléguer, dans la classe des exagérations orientales, ce que dit la *Bible* des raisins *de la terre de promission*.

FIGUIER (*Ficus carica*, L.).

412. Cet arbre, qui exige si peu de soins de culture et de taille dans les provinces méridionales, et qui y parvient jusqu'à la

hauteur de vingt-cinq pieds, réclame dans le nord des précautions qui ne garantissent même pas le succès de sa récolte. On le place à l'abri d'un mur, on ne le laisse parvenir qu'à la hauteur de cinq à six pieds, et on le protége contre les gelées pendant l'hiver, en entourant ses tiges de paille, ou, comme on le pratique à Versailles, en les couchant et les fixant à terre, et les couvrant par faisceaux, si toutefois les tiges encore assez grêles se prêtent à cette inflexion.

413. Dans le midi, tous les terrains un peu argileux lui conviennent, et on a l'habitude de déposer à son pied la *charrée* de lessive. Dans le nord, on emploie au même usage un mélange de six à huit pouces de sable doux, ou de terre de bruyère et de la terre du sol, et l'on arrose à propos.

414. Il se multiplie de rejetons enracinés (50) qu'il pousse en abondance, et que l'on supprime quand on n'a pas besoin de se procurer des jeunes plants; on n'en laisse que trois ou quatre qui forment les *branches mères* au sortir du collet. Le Figuier se prête aussi au *marcottage* et à la *bouture* (44, 48).

415. On le greffe en flûte (73), mais dans des cas fort rares.

416. Le figuier a une tendance pronon-

cée à donner deux récoltes : l'une en juillet, et l'autre en septembre et octobre. Pour mieux profiter de la première, les jardiniers de Paris renoncent à la seconde en pinçant (95) en juin au-dessus des jeunes fruits.

417. Son ennemi spécial est le *psylle du Figuier* (*Psylla Ficûs*), espèce de puceron qui empêche les fruits de grossir, et nuit à la végétation des branches. On recommande, pour en délivrer le Figuier, l'emploi d'une dissolution amère, astringente ou alcaline.

MURIER (*Morus nigra et alba*, L.).

418. Quoique les baies noires et blanches du Mûrier soient à leur maturité un fruit exquis, cependant c'est pour son feuillage que l'on cultive cet arbre; car jusqu'à ce jour on ne connaît pas de feuille dont les vers à soie se montrent plus friands.

419. Dans les provinces méridionales de la France, on le plante à des distances de vingt à trente pieds, autour des grandes terres à blé. La feuille du Mûrier blanc est préférée.

420. De nombreux ouvrages ont été publiés, vers ces dernières années, pour encourager dans les provinces septentrionales,

et la culture du Mûrier, et par conséquent l'éducation des vers à soie. Une simple considération échappe presque toujours aux auteurs mêmes les plus instruits, qui prennent parti pour ces sortes de naturalisation. C'est qu'en admettant qu'on puisse parvenir à cultiver en grand le Mûrier, et à élever en grand les vers à soie, la qualité de la feuille ne sera jamais la même que dans les provinces privilégiées par la nature, et que, par une induction facile à tirer, le produit de l'exploitation se ressentira de cette circonstance. Ajoutez à cet immense inconvénient l'influence des variations atmosphériques de ce climat sur des chenilles qui, dans le midi même, se montrent si impressionnables; et l'agronome prudent ne se hasardera certainement plus à faire de trop grands sacrifices pour se livrer à des premiers essais.

GROSEILLIER (*Ribes*, L.).

421. Ce petit arbrisseau se contente de toute espèce de terrain et d'exposition; une terre douce et légère prête à son fruit une plus grande saveur.

422. Le Groseillier se propage de semence, de boutures, de marcottes et d'œilletons

(44, 48, 50); on le replante tous les cinq ans, pour l'empêcher de maigrir.

423. On cultive préférablement le *Cassis* ou *Poivrier* (*Ribes nigrum*), le *Maquereau* ou *Groseillier épineux* (*Ribes uva crispa*), dont quelques variétés atteignent le volume d'un œuf de pigeon; enfin le *Groseillier rouge* (*Ribes rubrum* L.).

FRAMBOISIER (*Rubus idæus*, L.).

424. Le voisinage du Framboisier est nuisible aux autres plantes; on doit le cultiver à part; on le replante ailleurs quand ses fruits moins beaux annoncent que le sol est épuisé. Un endroit frais et ombragé lui convient très-bien, et il n'exige pas un sol d'une qualité supérieure. On le propage par drageons (50), de novembre jusqu'en mars. En février on retranche tous les brins qui ont porté leur fruit et qui sont morts, et on le laboure.

425. On en cultive deux variétés, l'une à *fruits blancs*, et l'autre à *fruits rouges*, dite *Framboisier des Alpes de tous les mois*.

§ III. *Fruits à amandes.*

AMANDIER (*Amygdalus communis*, L.).

426. Le fruit de l'Amandier pourrait être considéré comme une pêche ou plutôt un abricot à chair restant verte jusqu'à sa caducité, et prenant ainsi le nom de *brou*. Il existe même une espèce qui conserve tant de rapports avec la pêche qu'on l'appelle indifféremment *Amandier-Pêcher* ou *Pêcher-Amandier*.

427. La fleur de l'Amandier fleurissant en janvier et février, cet arbre n'est cultivé en grand pour son fruit que dans les provinces méridionales ; telles que la Provence, Vaucluse, le Languedoc et la Touraine. A Paris on ne l'élève véritablement que pour servir de sujet (54) au Pêcher (257) et à quelques espèces privilégiées d'Amandier.

428. Les lieux les plus incultes du département de Vaucluse, les grandes plages arides de cailloux roulés, mêlés à de la terre ferrugineuse, sont couverts d'une forêt d'A mandiers, et semblent au printemps se métamorphoser en un vaste tapis de fleurs blan-

ches comme la neige. L'Amandier n'est donc pas difficile sur le choix du terrain.

429. On sème les amandes en octobre; ou bien, si on les sème au printemps, il faut avoir la précaution d'en rompre la coque.

430. Parmi les espèces ou variétés d'Amandier, on distingue : l'*Amandier commun,* arbre droit, haut, peu étalé, donnant peu d'ombrage et beaucoup de fruit, préféré, sous ce double rapport, dans la culture des vergers; l'*Amandier des dames* ou *Amandier à coque tendre,* dont on peut briser la coque entre les doigts, et dont le fruit , mêlé avec les figues, les avelines et le raisin sec, forme le plat de dessert que l'on nomme à Paris les *quatre mendians.*

NOYER (*Juglans regia,* L.).

431. Les circonstances de la culture du Noyer varient, selon que l'on a en vue d'utiliser son bois, la chair ou l'huile de son amande.

432. On sème en place et dans un terrain sablonneux et même pierreux l'arbre dont on destine le bois à la menuiserie et à la sculpture, et l'on se garde bien de supprimer le *pivot* (12 et 29), qui pénètre très-avant

dans les fentes des roches inférieures. On emploie alors le *Noyer commun*, le *Noyer mésange* et le *Noyer à gros fruit long*.

433. Si l'on destine la noix au dessert, on greffe l'arbre, et l'on fait choix d'une terre plus substantielle. On emploie à ce sujet le *Noyer tardif* et le *Noyer à gros fruit long*.

434. On le greffe en flûte, en fente, en écusson, en œil poussant (54), lorsque les sujets ont acquis quatre pouces de circonférence, et cinq à six pieds de hauteur.

435. L'espacement doit être de six à huit toises pour les Noyers greffés, et de dix à douze pour ceux qui ne le sont pas.

436. Il faut se garder d'en planter autour des terres à blé, à cause de l'envahissement de ses racines. Les bords des chemins peu fréquentés lui conviennent très-bien; et par son ombrage il est éminemment propre à faire l'ornement de la promenade.

437. Dès que l'arbre est sur le retour, on l'abat pour ne pas nuire à la qualité de son bois; ou on le *ravale* (90) pour lui faire pousser de nouvelles branches, si son fruit est l'unique but de sa culture.

Noisetier (*Corylus avellana*, L.).

438. Le Noisetier, arbrisseau de médiocre grandeur, se multiplie de semence, mais
d'une manière plus avantageuse de marcottes
et surtout de drageons (44, 5o).

439. L'exposition du nord ne lui est point
nuisible. Son bois flexible peut servir à faire
des cerceaux. L'huile de son amande est
plus précieuse que celle de la noix ; mais son
fruit, que l'on nomme *noisette*, est spécialement recherché comme plat de dessert (43o);
et quant au *Noisetier franc*, que l'on cultive
dans nos jardins fruitiers, on en mange l'a-
mande lorsque la coque est encore verte.

44o. Les noisettes mûrissent en août et
septembre.

Chataignier (*Castanea vesca Gærtn.*, *Fagus castanea*, L.).

441. Le Châtaignier s'accommode très-bien
d'une terre franche et légère, surtout si les
couches inférieures sont sablonneuses jusqu'à une certaine profondeur. On a grand
soin aussi de ne pas en supprimer le pivot
(12, 29) à l'époque du semis, qui doit se
faire en rayons espacés de deux pieds et

demi, profonds de trois pouces, et chaque plant à dix-huit pouces l'un de l'autre.

442. Arrivé à la grosseur convenable, on le lève, on le met en place, l'on rabat (90) les branches latérales, on le butte, et la seconde année on le greffe en flûte ou en écusson à œil poussant. Il ne réclame plus alors que les soins de la taille, qui consistent à supprimer les brindilles, à élaguer les branches les plus vigoureuses qui se pressent en trop grand nombre, et à ménager avec art les branches gourmandes. Au bout de trois ou quatre ans l'arbre commence à donner de gros fruits.

443. Les *marrons* ne se distinguent des *châtaignes* qu'à leur grosseur et à leur goût plus sucré et à leur chair plus ferme. Du reste il existe entre ces deux sortes de fruits des nuances infinies. Les plus estimés nous viennent de Lyon, du Limousin, du Dauphiné et des montagnes du Languedoc.

444. On les cueille avec leur coque hérissée de piquans, quand on les voit commencer à tomber, et ils achèvent de mûrir dans leur coque.

445. Le bois du châtaignier sert à la menuiserie et à la charpente; on en fait aussi des cerceaux et des treillages.

(155.)

RÉSUMÉ.

Les arbres fruitiers que nous venons de décrire n'entrent pas tous dans l'économie d'un jardin fruitier. Il est des espèces qui à elles seules forment un verger agreste; tels sont l'*Olivier* (*olivette*), la *Vigne* (*vignobles*), les *Poiriers et Pommiers à cidre;* les *Amandiers, Coudriers des bois, châtaigniers;* d'autres qui viennent en plein vent au milieu d'autres cultures : tels sont le *Jujubier*, le *Mûrier*, le *Figuier*. L'enclos du jardin fruitier est principalement destiné à la culture des espèces les plus estimées de *Pêchers, Abricotiers, Poiriers et Pommiers à couteau, Pruniers et Raisins de dessert.*

TROISIÈME PARTIE.

BOIS ET FORÊTS.

446. Le *déboisement* de nos montagnes a fixé depuis trente ans l'attention des économistes. L'incurie des communes, à cet égard, serait susceptible de produire des résultats de plus en plus funestes ; et il ne faudrait pas cependant de grands efforts pour les prévenir. Les rochers nus et pelés attristent le paysage et fatiguent la marche du voyageur. Le sol que ne fixe plus le réseau des racines des arbres, s'éboule à la moindre gelée, et se délite, par le moindre torrent, pour envahir de son stérile gravier les riches terrains de la vallée ; les vents impétueux, que ne brise plus le feuillage des forêts, viennent fondre de leur poids glacial sur les récoltes de la plaine ; enfin les usines du voisinage menacent de manquer de combustibles, à moins qu'une pénible exploitation n'en arrache des entrailles de la terre ; et la marine est sur le point de faire un appel aux contrées étrangères pour la construction de nos vaisseaux.

La révolution, dit-on, est cause de ce désastre, on a tort. Il est vrai que le système social ayant été bouleversé jusque dans ses fondemens, la propriété ayant été, pour ainsi dire, mobilisée, l'esprit des propriétaires a changé de direction. Aujourd'hui le particulier cherche à jouir encore plus qu'à posséder. Dans tous nos ouvrages, dans toutes nos constructions, notre prévoyance dépasse à peine la portée de vingt-cinq ans. Comment voulez-vous que nous plantions pour des neveux à qui rien n'assure la transmission de nos biens? et que nous plantions des forêts pour en ajourner le produit à un siècle? Nous en convenons. Mais l'état qui ne change point, l'état pour qui le sol est immuable, a d'autres prévisions et d'autres systèmes, et c'est à lui de surveiller et d'imposer les exploitations séculaires, avec le même zèle que mettent les particuliers à surveiller les récoltes d'un an.

447. Dans la première partie de ce traité, nous avons établi des principes communs à toutes les plantations en général; nous y renvoyons le lecteur. Dans les chapitres suivans, nous nous renfermerons strictement et sans répétition dans les applications aux bois et forêts.

SEMIS.

448. La culture des terrains de la plaine étant d'une exploitation facile, en général on ne les sème, sur une grande échelle, en bois, que dans le cas où la qualité du sol ne saurait convenir aux céréales, aux fourrages ou à la vigne, etc. Les semis en bois ont principalement lieu sur les montagnes; car les escarpemens et les autres difficultés de la montée rendent presque impraticable toute autre espèce d'exploitation.

449. Avant de s'aventurer dans des dépenses trop considérables pour *aménager* une forêt ou un bois, il serait prudent de se livrer à quelques essais préalables relativement à *l'essence* (espèce) d'arbres qui convient le mieux à ce terrain.

450. En général les terrains profonds doivent être consacrés à élever *des hautes futaies;* les terrains d'une moindre profondeur, au contraire, conviennent aux *demifutaies* ou aux *taillis.*

451. On entend par arbres de *haute-futaie,* les arbres destinés aux constructions navales

ou aux grandes charpentes et toitures, etc. ; les *taillis*, au contraire, sont des bois que l'on met en coupe réglée pour être abattus au-dessous de quarante ans, soit pour le chauffage, soit pour d'autres ouvrages de médiocre dimension ; à l'âge de quarante ans on peut les considérer comme des *demi-futaies;* à l'âge de neuf à dix ans, ce sont de jeunes taillis.

452. Parmi les espèces d'arbres qui peuvent venir avec un égal succès dans un terrain, il faut encore avoir soin de choisir ceux dont le débit, dans la contrée, présente le plus d'avantage.

453. On élève, dans les sables qui ont du fond, les Châtaigniers (441), les Hêtres; dans les terres légères et dont la couche est assez épaisse, le Chêne, les Charmes ; dans les sables les plus arides, les Pins et autres conifères ; dans les terres franches, mais sèches, quand même elles n'auraient que dix-huit pouces de profondeur, on y élevera des Ormes, Noyers, Frênes, Bouleaux, faux Acacia, Cytises, Peupliers blancs, Merisiers, Padus et Mahaleb. Si la terre n'avait que dix à douze pouces de profondeur, on y éleverait encore des Coudriers ou Noisetiers

(438), Sureaux, Marsaux, Cornouillers, Néfliers (384), Merisiers (321). Dans les terrains absolument mauvais, et qui ne sont recouverts que de cinq à six pouces d'une terre noire et légère, on peut encore espérer de voir prospérer le Bouleau, le Marsau et les Genêvriers sous forme de broussailles. Les terrains marécageux, ainsi que les bords des étangs et rivières, conviennent aux Saules, à cinq ou six espèces de Peupliers, aux Frênes, Bouleaux, Trembles, Aunes, Marsaux. Les terrains humides sans être submergés conviennent aux Platanes, Tilleuls, aux Cyprès à feuilles d'Acacia.

454. Les arbres redoutent ou affectionnent certaines expositions spéciales. Les montagnes réunissant sur leur surface toutes les expositions, ainsi que la température de plusieurs climats différens, on peut les boiser au moyen de diverses essences d'arbres. L'exposition du nord, même à des hauteurs assez considérables, convient presque exclusivement aux Sapins, Pins, Ifs, Chênes verts et Buis, et dans les régions inférieures, aux Bouleaux. Quant aux autres *essences* d'arbres, il est certain qu'elles fournissent des individus d'autant plus beaux que le sol est meilleur et plus profond, et la température

plus long-temps chaude ou même tempérée.

455. Nous avons dit que, dans l'*aménagement* des forêts, on devait avoir en vue les avantages que l'industrie locale peut offrir au débit de l'exploitation. Il ne sera donc pas inutile de classer les diverses essences d'arbres forestiers d'après le parti que les arts et métiers sont capables d'en tirer.

L'ÉBÉNISTERIE emploie : l'Alisier (*Cratœgus terminalis*), le Néflier (438), le Cormier des bois (*Sorbus domestica*), le Sorbier des oiseleurs (*Sorbus aucuparia*), le Gainier de Judée (*Cercis siliquastrum*), le Cytise faux Ébénier (*Cytisus laburnum*), le Jujubier (339), le Mûrier (418), l'Obier des bois (*Viburnum opulus*), le Tamaris de Narbonne (*Tamarix Gallica*), le Lilas (*Syringa vulgaris*), le Thuya d'Amérique et de la Chine (*Thuya occidentalis et orientalis*), l'Aliboufier de Provence (*Styrax officinalis*), l'Abricotier (302), le Nerprun (*Rhamnus cathartica*, etc.).

LA MENUISERIE : le Lilas des Indes (*Melia azedarach*), le Platane (*Platanus orientalis et occidentalis*), le Merisier, Prunier et Cerisier (*Prunus sylvestris, Cerasus et insititia*), l'Amandier (426), le Poirier (342), le faux Acacia (*Robinia pseudo Acacia*), l'Yeuse ou

Chêne vert (*Quercus ilex*), le Noyer (431), le Cyprès (*Cypressus sempervirens*).

LE CHARRONNAGE : le Frêne (*Fraxinus excelsior et Ormus*), le Micocoulier (*Celtis occidentalis*), l'Orme ordinaire, et surtout le tortillard (*Ulmus campestris et tortuosus*), le Charme (*Carpinus betulus*), le Platane tortillard (*Platanus nodossus*).

LA CHARPENTE DES PETITS ÉDIFICES : les Saules (*Salix alba, caprea*), les Peupliers (*Populus alba, nigra, tremula*), le Bouleau (*Betula alba*), l'Érable (*Acer pseudo platanus et platanoïdes*), les Pins (*Pinus sylvestris et maritima*).

CHARPENTE DES GRANDS ÉDIFICES : les Chênes (*Quercus robur, pedunculata, haliphæos*), le Châtaignier (*Fagus tauza et castanea* (441).

LA MARINE POUR LA MATURE : le Sapin argenté et *picea* (*Pinus abies et picea*), les Pins d'Écosse, de Riga et de Corse (*Pinus rubra, elata, laricio*), le Mélèze (*Pinus larix*).

LA VANNERIE : les rameaux flexibles de l'Osier (*Salix vitellina, rubens, helix, ligustina, viminalis*, etc.).

L'ART DU TOURNEUR : le Buis (*Buxus sempervirens*), le Fusain (*Evonymus Europæus*), le bois de Saint-Lucie (*Prunus mahaleb*), les Citronniers et Orangers, le Genevrier

(*Juniperus communis*), l'Olivier (*Olea Euro-pæa*), le Myrte (*Myrtus communis*).

On obtient la résine, le goudron et le brai, des incisions faites au Pin, et la térébenthine des diverses espèces de Sapins.

Les luthiers emploient, pour les tables des instrumens à cordes, les planches d'une espèce de Sapin qu'ils tirent d'Embrun, et qui porte en Provence le nom de *sorente*.

C'est avec les branches flexibles du Micocoulier (*Celtis australis*), que les habitans de la commune de Sauves (*Gard*), façonnent toutes les fourches à trois dents et en bois que l'on emploie à retourner le foin et la paille.

L'écorce du chêne sert aux tanneurs, le *brou* de la noix à la teinture. Le Châtaignier fournit d'excellens cerceaux, des perches pour les treillages. Le Hêtre est la ressource des layetiers et des selliers, qui l'emploient à une foule d'usages. Les montures de fusils et pistolets sont empruntées à l'Érable. On fait des cordes à puits avec le liber des Tilleuls et des Mûriers ; des sabots avec le bois de l'Aune ; des cerceaux ou des balais avec les Bouleaux ou Saules ; des échalas avec le Chêne et le *faux Acacia*.

Quant au bois de chauffage, toutes ces

essences peuvent en servir, quand on n'a pas intérêt à en faire un autre usage.

456. La méthode à suivre, pour les semis des grandes plantations, peut varier selon une foule de circonstances. On peut établir en règle générale que, si d'un côté les mauvaises herbes sont nuisibles aux jeunes plants en épuisant le sol, l'ombrage leur est indispensable les premières années. Pour éviter le premier danger, et obtenir le second avantage, on sème dru, sauf à éclaircir plus tard. Il est quelques arbrisseaux qui, bien loin de nuire à certaines plantations, leur servent d'abri et de défense; ainsi on a observé que sous les Bouleaux et l'Ajonc (*Ulex Europœus*), croissent très-bien les jeunes Chênes, tandis que l'ombrage de la bruyère leur est funeste.

457. Les bestiaux et les fauves sont le fléau des jeunes plantations. Pour préserver les semis de leurs ravages, on entoure les carrés de palissades, on couvre les semis de buissons, et l'on exerce une active surveillance. Les palissades durant long-temps, et pouvant servir chaque année à protéger de nouveaux carrés, la dépense doit paraître moins onéreuse.

En général on ne plante que lorsqu'on est

pressé d'avoir un bois un peu fourni, ou que l'on désire repeupler des *clairières*, c'est-à-dire des endroits trop éclaircis d'un bouquet déjà ancien.

ESSARTAGE.

458. Essarter, c'est supprimer les jeunes pousses, les nouveaux drageons (50) ou bien les jeunes arbres trop rapprochés dans un semis, une plantation, un taillis ou une futaie (451), pour ne pas se nuire mutuel-. lement.

459. Cette opération doit être progressive, à mesure que les arbres acquièrent de nouvelles dimensions. L'essartage dure dix, quinze ou vingt ans, à dater de la septième année, pour les plantations des conifères, et vingt à vingt-cinq ans, à dater de la deuxième année, pour les futaies de Hêtres, Chênes, Châtaigniers, Charmes, etc.

460. Les frais d'essartage sont amplement compensés par la vente ou l'emploi sur place de fagots, jeunes tiges, etc.

461. On a soin de se servir d'instrumens bien acérés pour que les plaies soient nettes et unies. On consacre l'hiver à toutes les opérations qui suivent l'essartage, afin qu'au printemps on puisse vaquer à d'autres travaux.

RECEPAGE.

462. *Receper* un bois, c'est l'abattre ras de terre. Cette opération a pour but de faire produire à la souche des tiges nombreuses et plus vigoureuses que la tige principale. Elle convient aux bois taillis, mais rarement aux bois de *haute futaie* (451) dont la destination spéciale est de fournir, non beaucoup de branches, mais une tige d'un beau jet.

463. On n'a recours à cet expédient, dans ce dernier cas, que lorsque la plantation est languissante; et même alors on contracte l'obligation d'*élaguer*, c'est-à-dire de ne laisser sur la souche qu'un maître jet.

464. On ne récèpe jamais les conifères; ces arbres résineux, et que M. Tschudy a fort bien désignés sous le nom d'*uni-tiges*, ne résistent point à cette opération.

ENTRETIEN DES BOIS ET FORÊTS.

465. Le plus grand fléau des bois, c'est certainement l'incendie, qui est plus à craindre dans les taillis que dans les hautes futaies, pendant les grandes sécheresses que dans les

aisons pluvieuses, en été qu'au printemps, et en hiver plus que dans toute autre saison, à cause des feux que sont forcés d'allumer les pâtres. On a rarement attribué la cause des incendies aux feux des charbonniers et des sabottiers; parce que l'on a grand soin, en se livrant à ces deux sortes d'exploitations, de n'établir les fourneaux qu'à des distances convenables et sur des emplacemens entière-ment nus.

466. La meilleure précaution à prendre contre les progrès de l'incendie, c'est de couper les forêts en larges routes, et d'en-tourer les *bouquets* ou *massifs* de fossés qu'on a soin de tenir propres et débarrassés de toute matière combustible.

467. On interdit au bétail l'entrée des fo-rêts, jusqu'à ce qu'elles soient devenues *dé-fensables*, c'est-à-dire, jusqu'à ce que la cime des arbres soit hors de la portée de la dent du bétail.

468. On nomme bois *cháblis*, *chables* ou *caables* les arbres renversés ou déracinés par les vents, et bois *rompis*, *volis* ou *volins* ceux dont les troncs ou rameaux ont été rompus par la même cause. L'agitation mo-dérée du vent est infiniment utile aux arbres des forêts. Duhamel en avait déjà fait la re-

marque; et M. Knigt vient de confirmer cette assertion par des expériences qui prouvent qu'une tige agitée chaque jour gagne plus en grosseur qu'une tige ordinaire.

469. On nomme bois *charmés* ou de *forfaiture* et *délits*, *faux ventis* ou *faux chablis*, tous ceux que la malveillance a renversés ou fait renverser par le vent. Les bois *arsins*, *arsinis* ou *arseis*, sont ceux qu'elle a fait mourir par le feu. Les règlemens de police, ainsi que les dispositions du Code forestier, ont infligé des peines aux coupables de ces divers délits.

470. La marine a le droit de choisir, au prix d'une indemnité, dans les forêts des particuliers, comme dans celles de l'état, les individus qui paraissent aux inspecteurs réunir les qualités convenables pour les constructions navales. Pour les reconnaître on imprime sur le tronc un signe à l'aide d'un marteau; d'où vient le nom de *martelage* pour exprimer ce droit, ou plutôt (afin de me servir de l'expression des rédacteurs du nouveau Code forestier) de *cette servitude si peu en harmonie avec notre droit public actuel*, et que la commission ne s'est décidée à conserver que comme une *charge temporaire*. M. Bonard, ingénieur, avait proposé d'affec-

ter à la marine, 80,000 hectares de futaies, et de lui enlever le privilége onéreux dont nous venons de parler. Cette proposition n'a été malheureusement que prise en considération.

471. On nomme *baliveaux* les individus réservés lors de la coupe du taillis, pour être abattus à la deuxième, troisième ou quatrième coupe suivante. A la seconde coupe, les *baliveaux* sont considérés encore comme *modernes*; à la troisième ils sont anciens. La conservation des *baliveaux* a encore l'avantage de servir au repeuplement des bois, par le grand nombre de semences qu'ils répandent sur le sol.

472. On nomme arbres *corniers* les arbres réservés qui sont placés aux angles saillans des limites d'un bois, et *pieds tournans* ceux qui sont placés aux *angles rentrans*; ceux qui forment la ligne de jonction entre les *pieds corniers* et *tournans* s'appellent *parois*.

EXPLOITATION.

473. Les oseraies ou taillis plantés en osier doivent être abattus tous les ans; à la seconde année ils sont déjà moins propres à l'usage auquel on les destine.

474. On *étête* les Saules, les Marseaux et les Peupliers, plus tôt ou plus tard, selon l'âge des *plantards* (48). Car un vieux *plantard* peut supporter impunément quatre ou cinq grosses branches, tandis qu'un jeune risquerait d'être éclaté par le vent.

475. Quant aux autres essences de taillis, la durée doit varier selon la nature du terrain. Un taillis de chène est trop jeune à sept ou huit ans; à cet âge il est encore gêné par la bruyère. A vingt ou vingt-cinq ans la coupe offre un bien plus grand bénéfice.

476. En général le bénéfice réel croît en proportion de l'âge du taillis.

477. La coupe des *demi-futaies* a lieu de quarante à quatre-vingts ans; celle des *hautes futaies* peut être reculée jusqu'à cent cinquante ans.

478. Comme le bénéfice de tant de dépenses échapperait en entier au planteur, s'il en reculait la réalisation à une époque si lointaine, on divise la plantation en *coupes réglées* dont la première ne doit point s'exécuter avant sept ou huit ans.

479. L'acquéreur ou l'adjudicataire de la vente doit, avant de conclure le marché, procéder à la visite de l'exploitation. Il est bon qu'il se fasse accompagner d'experts

instruits en constructions, charpentes ou autres ouvrages, afin de leur faire estimer la valeur de la vente. Pour se faire une idée approximative du nombre de pieds, on parcourt en tous sens le bouquet, en constatant, par des moyennes, l'espacement d'un certain nombre d'arbres entre eux; l'on divise la surface par l'espacement, le quotient donne le nombre des pieds. Pour mesurer la hauteur du tronc des arbres, on se sert de baguettes ajoutées bout à bout jusqu'à l'*embranchement;* ou bien on se sert d'un triangle rectangle à deux côtés égaux, dont l'un est tenu perpendiculaire au moyen d'*une corde à plomb.* On applique l'œil à l'extrémité inférieure de l'*hypothénuse,* en s'éloignant de l'arbre jusqu'à ce que l'extrémité du tronc concorde avec le prolongement de la ligne visuelle. On mesure alors la distance qui existe entre l'extrémité inférieure de l'hypothénuse et la base de l'arbre; cette distance égale la hauteur du tronc. Quant à la circonférence, le tronc de bien des arbres étant plus ou moins imparfaitement un cône tronqué, on obtient très-imparfaitement une circonférence moyenne, en la prenant, au moyen d'un ruban gradué, à cinq ou six pieds du sol. Les bornes de cet ouvrage ne nous permettent pas d'entrer dans de plus longs détails; nous renvoyons aux élémens du *toisé* et de l'*arpentage*.

480. L'expert doit tenir soigneusemeut compte des défauts ou mauvaises qualités des pieds. Dans ce nombre on place les arbres dont l'écorce est galeuse, ou présente du haut en bas des grandes taches blanches ou rousses indices de gouttières, des chancres, cicatrices pouries de branches ou des nœuds, des bourrelets ou loupes, des cannelures longitudinales indices d'une *gelivure* (115), la *couronne* (ou *chapeau* formé par la réunion des grosses branches), jaune et rouillée. Il doit examiner avec soin les *fourcines* ou aisselles des branches, où le givre a souvent occasionné des fentes et des gouttières, enfin s'assurer des autres maladies ou accidens que nous avons signalés dans la première partie (106).

QUARTRIÈME PARTIE.

PAYSAGE.

481. Loin de nous la pensée de consacrer le petit nombre de pages qui doivent composer cette dernière partie, à tracer des règles à l'oisif opulent, pour transformer ses jardins ou ses parcs en un Panorama champêtre, pour réunir, dans une enceinte de quelques pas, les merveilles des quatre parties du monde, pour élever des montagnes avec du gazon, construire des pavillons chinois au-dessus de pelouses françaises, des moulins qui ne broient point de farine, des sépulcres sans ossemens, des chaumières sans habitans, et des torrens sans cascades. Pitoyables goûts de cœurs blasés, qui, restant froids et inhumains en présence de la réalité, ont besoin, pour s'attendrir ou s'émerveiller, d'avoir recours à des simulacres! Non; nous ne nous occuperons ici de l'agréable qu'autant qu'il peut être utile, bien convaincus qu'en fait de paysage, il ne faut que planter des massifs et des avenues; et que les mouvemens du sol et les accidens des localités sont les seuls élémens du *beau* en perspective.

10.

MASSIFS.

482. Le propriétaire auquel nous nous adressons dans cette partie de ce petit ouvrage est pressé de jouir. Il lui convient donc mieux de planter que de semer. Le Marronnier d'Inde a obtenu long-temps la préférence à cause de ses jets gigantesques, de l'ombre épaisse que donnent ses longues feuilles, de ses beaux bouquets de fleurs en pyramides qui ressortent si bien au printemps sur la verdure de son feuillage. Les deux grands massifs des Tuileries témoignent assez hautement en faveur de cette préférence. Cependant il est d'autres *essences* d'arbres qui peuvent le remplacer avec succès dans des localités différentes. Dans le midi de la France, le Platane l'emporterait sur le Marronnier. Le Frêne, le Hêtre, les Érables Sycomore et Plane, le Tilleul, pourraient avantageusement servir à la même destination.

PALISSADES.

483. L'Érable, l'Épine-Blanche, le Charme surtout, se prêtent très-bien à la formation des palissades. On plante les jeunes pieds à trois ou quatre pouces de distance, dans des

rigoles tracées au cordeau : on les recèpe à un pouce de terrain, si on les a tirés des bois ; l'on se dispense du recépage, si les plants ont été élevés pour cette destination dans les pépinières. On ne tond point les palissades la première année ; les années suivantes on commence à tondre tout ce qui s'écarte en dehors et en dedans de la ligne droite, et on laisse l'arbre se garnir du bas et du haut à droite et à gauche.

484. Pour soutenir les jeunes palissades, on plante çà et là des perches qui supportent des lattes horizontales.

ALLÉES DE JARDINS.

485. On peut border les petites allées des jardins avec des Lilas, des Cornouillers, le Sorbier des Oiseleurs, l'Épine-vinette, le Robinier ou faux Acacia, les laisser isolés ou en former des berceaux, en leur permettant d'associer leurs rameaux et leur ombrage, malgré l'écartement de leurs troncs, selon qu'on désire obtenir plus ou moins d'ombrage. La distance qu'on laisse entre les pieds alignés doit être proportionnée aux dimensions qu'on veut permette à l'arbre d'atteindre.

AVENUES ET GRANDES ROUTES.

486. L'Orme est un des arbres dont on borde le plus communément les avenues et grandes routes des environs de la capitale. Dans des fonds plus humides on emploie le Platane ; et sur les chemins moins fréquentés on plante de préférence le Noyer ordinaire.

487. Lorsqu'un pied vient à mourir, il faut avoir soin de le remplacer par un pied d'une *essence* contraire (449). La *rotation* (A 5o) est aussi indispensable aux plantations ligneuses qu'aux cultures herbacées. Aussi voit-on presque tous les jeunes Ormes que l'on plante dans les trous des Ormes arrachés, languir ou périr en peu d'années. Le Robinier commence à être employé comme arbre de remplacement ; et il est possible qu'un jour nos boulevards et nos grandes avenues ne soient ornés que de cette espèce qui joint au parfum de ses jolies grappes de fleurs et à l'élégance de son feuillage, l'immense avantage de croître vite et partout, de ne redouter aucun insecte, d'être très-peu sujet à la carie, enfin de n'avoir d'autre ennemi que la main de l'homme et la violence des vents.

488. Le système de border les grandes routes de grands arbres date de l'adminis-

tration de Sully; et il est étonnant qu'il se soit répandu avec tant de lenteur depuis cette époque. Il est à désirer, dans l'intérêt du pauvre voyageur ainsi que dans celui des constructions terrestres et navales, que les communes cherchent enfin à utiliser les lisières pelées des grands chemins.

LABOURS ET ENTRETIENS.

489. En général il est difficile de donner des façons aux arbres des avenues et des massifs. Il est encore plus difficile de les arroser assez amplement pour soulager leurs racines altérées et leur feuillage poudreux. On a imaginé de faire séjourner au pied de chaque arbre l'eau de la pluie, en pratiquant entre chacun d'eux une espèce d'auge longitudinale qu'on nomme *cuvette*. Mais ces excavations offrent d'assez graves inconvéniens; il serait peut-être préférable de les couvrir d'une toiture chargée de terre et perforée sur le point le plus favorable à l'introduction de l'eau.

490. Dans les sols maigres et arides, on devrait, dans le sens de l'alignement des plantations, ouvrir une tranchée profonde que l'on comblerait avec de la bonne terre (39).

ÉLAGAGE (463).

491. L'élagueur se sert d'une serpette à
lame allongée et terminée par une courbure
presque à angle droit ; il la suspend par le
manche à une bandouillère, lorsqu'il monte
à l'arbre ; pour atteindre les bourgeons des
branches les plus jeunes, il emploie une
espèce de *houlette* tranchante qui peut s'a-
juster à un manche plus ou moins long ;
pour la tonture des bordures ou des palissades, il taille avec des grands ciseaux ; pour
la tonture en grand des massifs ou arbres
formant le berceau, il manœuvre avec le
croissant (132), et se sert d'une double
échelle très-large du bas et très-haute, qui
se meut au moyen de roulettes, et dont les
deux moitiés sont tenues écartées par des
traverses en bois.

492. *L'élagage* s'applique rarement aux
bois et forêts et jamais aux arbres résineux
(464).

493. On y procède à compter du mois de
septembre, et l'on prolonge cette opération
jusqu'en avril et même jusqu'en mai. On commence toujours par les plants les plus faibles.

494. L'élagueur doit avoir un soin particulier de n'occasioner aucun *chicot* (124),

aucune plaie, par conséquent de *parer* proprement, c'est-à-dire d'unir avec la *serpe*
celles qu'il opère. Afin d'empêcher les grosses
branches d'éclater, il doit les entamer d'abord par-dessous ; il fait ensuite une autre
entaille par-dessus, et lorsque le poids de la
branche vient à l'entraîner, elle casse dans
le centre du cylindre, et sa séparation violente ne laisse aucun *éclat*.

495. Il retranche la première année tous
les jets qui poussent trop bas sur le tronc
des jeunes arbres que l'on a plantés étêtés
(474), et ne conserve pour *branches mères*
(188) que les jets qui se trouvent placés à
la distance de huit à dix pouces de l'extrémité supérieure. La troisième année il coupe
tous les jets réservés, excepté celui qui s'annonce comme pouvant s'élancer, c'est-à-dire
continuer la tige ; à la cinquième année on
retranche *l'argot* (210 ') au-dessus de ce jet
privilégié. La plaie se cicatrise, et bientôt
l'arbre ne paraît plus avoir jamais subi cette
opération.

496. Quant aux plants qui n'ont pas été
étêtés lors de la plantation, on a soin de ne
leur laisser que les jets les plus favorablement
placés, pour procurer à l'arbre une forme
élégante et symétrique.

497. A des époques périodiques on procède à de nouveaux *élagages*, afin que la négligence ne permette jamais aux nouveaux rameaux de sortir du cadre que les premiers élagages leur avaient tracé, et pour réparer les accidens fâcheux dont les vents ou toute autre cause auraient pu les frapper.

AVIS.

498. Les bornes de ce petit traité ne nous ont pas permis de donner, à la troisième et à la quatrième partie, l'étendue que le sujet comporte. Cependant nous avons posé dans la première partie tous les principes nécessaires ; et avec un peu d'intelligence rien ne sera plus facile que de suppléer aux lacunes de notre laconisme obligé.

TABLE DES MATIÈRES.

FIN DU TRAITÉ DES PLANTATIONS
DES ARBRES ET ARBUSTES.